AF551577

Haftungsausschluss:
Die in diesem Buch enthaltenen Empfehlungen wurden sorgfältig geprüft und berücksichtigt. Dennoch können weder der Autor noch der Verlag eine Garantie oder Gewährleistung für die gemachten Angaben übernehmen. Die Anwendung der Empfehlungen erfolgt ausdrücklich auf eigene Gefahr. Jegliche Haftung des Autors, des Verlags und ihrer Vertreter für Schäden an Personen, Eigentum oder Vermögen, die durch die Nutzung oder Nichtnutzung der Informationen bzw. durch die Nutzung fehlerhafter und unvollständiger Informationen verursacht wurden, ist ausgeschlossen. Weder der Herausgeber noch der Autor übernehmen eine Haftung für die Aktualität, Richtigkeit und Vollständigkeit der Inhalte sowie für Druckfehler. Eine juristische Verantwortung oder Haftung für fehlerhafte Informationen und deren Folgen kann weder vom Herausgeber noch vom Autor übernommen werden.
Soweit in dieser Publikation auf Internetseiten Dritter verwiesen wird, übernehmen wir keine Verantwortung für deren Inhalte, da wir uns diese nicht zu eigen machen, sondern lediglich auf den Stand zum Zeitpunkt der Erstveröffentlichung hinweisen.

Bibliografische Informationen der Deutschen Nationalbibliothek
Die Deutsche Nationalbibliothek verzeichnet diese Publikation in der Deutschen Nationalbibliografie; detaillierte bibliografische Daten sind im Internet über http://dnb.dnb.de abrufbar.

1. Auflage 2023

Redaktion: Robert Gazke
Umschlaggestaltung: Wolkenart - Marie Katharina Becker
Satz und Layout: Zarka Bandeira Ghaffar

ISBN Print: 978-3-910385-26-9
ISBN Ebook: 978-3-910385-27-6

www.kniga-verlag.de

ALEXANDER MARKWIRTH

PLÖTZLICH CHEF

Praktische Werkzeuge und Strategien, um als neue Führungskraft erfolgreich durchzustarten

Inhalt

Vorwort

Liebe Leserinnen und Leser,

das Führen eines Teams, einer Abteilung oder gar eines Unternehmens ist keine leichte Aufgabe. Besonders für junge Führungskräfte kann der Sprung in die Verantwortung wie ein Sprung ins kalte Wasser sein. Dieses Buch soll Ihnen dabei helfen, nicht nur zu schwimmen, sondern zu segeln – und zwar in ruhigen wie in stürmischen Zeiten.

Mit praxisnahen Fallstudien, fundiertem Fachwissen und leicht umsetzbaren Anleitungen wollen wir Ihnen das Rüstzeug für eine erfolgreiche Führungskarriere an die Hand geben. Wir alle stehen im Leben vor Herausforderungen, die uns prägen, uns zum Umdenken anregen und uns manchmal an unsere Grenzen bringen. Wie wir diesen Herausforderungen begegnen, kann den Unterschied ausmachen zwischen Stillstand und Fortschritt, zwischen Erfolg und Misserfolg. Dieses Buch ist für all jene geschrieben, die bereit sind, diese Herausforderungen als Chancen zu sehen und sie mutig anzunehmen.

Bevor wir in die Thematik eintauchen, möchte ich einigen Menschen danken, ohne die dieses Buch nicht möglich gewesen wäre.

Julia Markwirth: Meine Frau, die dieses Buch durch ihre intensive Mitarbeit bei der Lektorierung und Überarbeitung maßgeblich unterstützt hat. Ohne deine Hilfe wäre dieses Werk nur halb so wertvoll.

Marion Sommer: Ein großes Dankeschön an Marion, die insbesondere bei der Erstellung der Fallstudien eine unverzichtbare Unterstützung war. Ihre Expertise und ihr kritischer Blick haben entscheidend dazu beigetragen, dass die Fallstudien nicht nur informativ, sondern auch praxisnah und anwendungsorientiert sind.

Kniga-Verlag: Ein besonderer Dank gilt dem Verlag, der an dieses Projekt geglaubt und es erst ermöglicht hat. Ohne Ihre Unterstützung wäre dieses Buch nur eine Idee geblieben.

Jetzt lade ich Sie ein, in die Welt der Führung einzutauchen, die viele Aspekte hat – von den Grundlagen bis hin zu Fallstudien, die reale Herausforderungen beleuchten. Möge dieses Buch Ihr treuer Begleiter sein auf dem Weg zu einer effektiven und erfüllenden Führungsrolle.

Auf eine erfolgreiche Reise in die Welt der Führung!

1.

Warum dieses Buch? Ihr Leitfaden zur erfolgreichen Führung

Zuerst einmal darf ich Ihnen gratulieren, Sie wurden soeben befördert oder wollen Ihre Kompetenz als Führungskraft vertiefen? Dann haben Sie mit «Plötzlich Chef - Werkzeuge und Strategien, um als neue Führungskraft erfolgreich durchzustarten» mehr als nur einen Leitfaden zur Hand - dieses Buch ist ein Kompass, der Sie auf der aufregenden Reise Ihrer Führungskarriere begleitet. Es bietet Ihnen nicht nur eine umfangreiche Sammlung von innovativen Tools, Methoden und praxisnahen Tipps, sondern dient auch als eine Quelle der Inspiration und Motivation. Dadurch erhalten Sie die Möglichkeit, Ihre individuellen Potenziale zu erkennen und zu entfalten, um so Ihre eigene, authentische Führungsidentität zu entwickeln und zu optimieren.

Mit Ihrem neuen Aufgabenbereich sehen Sie sich möglicherweise mit vielen neuen Herausforderung konfrontiert, denn die heutige Führungskraft ist mehr denn je gefordert, ihre Rolle auf eine ganz neue Weise zu definieren und auszufüllen, sie muss ein Team führen, inspirieren und motivieren, gleichzeitig die Unternehmensziele erreichen und stets ein offenes Ohr für die Bedürfnisse und Anliegen Ihrer Mitarbeitenden haben. Die Balance zwischen diesen Anforderungen zu finden, ist eine hohe Kunst und der Schlüssel zu nachhaltigem Erfolg des Unternehmens. Mit dieser Problematik fühlen sich viele Führungskräfte allein gelassen und fragen sich, wie sie diesen Spagat zwischen den verschiedenen Anforderungen souverän meistern können. Die gute Antwort ist, dass die Fähigkeit zu führen, keine magische Gabe ist, die nur wenigen Auserwählten in die Wiege gelegt wurde, sie ist vielmehr ein Bündel an Fähigkeiten und Kompetenzen, die erlernt und weiterentwickelt werden können. Die Basis dafür ist eine bewusste und ehrliche Auseinandersetzung mit sich selbst, seinen Stärken und Schwächen sowie seinen Werten und Zielen. Somit kann jeder eine effektive und inspirierende Führungskraft sein, unabhängig von seinem Hintergrund oder seinen bisherigen Erfahrungen.

Das Buch richtet sich primär an Menschen, die zum ersten Mal in einer Führungsposition sind. Vielleicht sind Sie gerade befördert worden oder haben sich in einem Startup als Leiter eines kleinen Teams etabliert.

Unabhängig von der Branche und dem Tätigkeitsfeld wird dieses Buch für alle neuen Führungskräfte, die sich den Herausforderungen ihrer neuen Rolle stellen und ihre Führungsfähigkeiten ausbauen möchten, von großem +Nutzen sein.

Wer wird davon profitieren?

Junge Führungskräfte: Wenn Sie frisch in eine Managementposition aufgestiegen sind und noch unsicher sind, wie Sie Ihre neue Rolle am besten ausfüllen.

Menschen in Übergangsphasen: Wenn Sie aus einer Fachposition kommen und nun plötzlich ein Team leiten müssen, helfen die Tools und Strategien in diesem Buch, die Umstellung leichter zu gestalten.

Menschen mit Wachstumswillen: Sie wollen nicht nur Führungskraft sein, sondern auch eine gute. Sie sind offen für persönliche und berufliche Entwicklung.

Für wen ist dieses Buch weniger bzw. nicht geeignet?

Nicht-Führungskräfte: Wenn Sie nicht in einer Position sind, in der Sie andere Menschen führen oder leiten, wird dieses Buch für Sie weniger relevant sein. Der Schwerpunkt liegt auf den Herausforderungen und Möglichkeiten, die mit einer Führungsrolle einhergehen.

Menschen ohne Wachstumswillen: Führung erfordert eine stetige persönliche und professionelle Weiterentwicklung. Wenn Sie in Ihrer Komfortzone verharren wollen, wird dieses Buch Ihnen wahrscheinlich nicht viel bieten.

Erfahrene Führungskräfte: Haben Sie bereits mehr als zehn Jahre Erfahrung im Management und zahlreiche Fort- und Weiterbildungen besucht? Dann werden Sie in diesem Buch wahrscheinlich wenig Neues finden. Es ist primär für diejenigen gedacht, die neu in der Führungsrolle sind und praktische Werkzeuge für einen erfolgreichen Start benötigen.

Mithilfe dieses Buches möchte Ihnen zeigen, dass effektive Führung kein Zufallsprodukt ist, sondern das Ergebnis klarer Absichten, bewusster Entscheidungen und kontinuierlicher Lern- und Entwicklungsprozesse. Es ist meine tiefe Überzeugung, dass jeder Mensch das Potenzial hat, in der Führungsrolle zu wachsen und zu glänzen.

Dieses Buch ist ein Plädoyer für einen modernen Führungsstil, der auf Werten wie Authentizität, Vertrauen, Empathie und Verantwortungsbewusstsein basiert. Es ist eine Einladung an Sie, sich auf den Weg zu machen und die Führungskraft zu werden, die Sie sein wollen und können. Mithilfe dieses Buches werde ich Sie in dieser Aufgabe unterstützen und Ihnen ein umfassendes Set von Werkzeugen und Strategien an die Hand geben, welches Sie befähigt, Ihre Rolle als Führungskraft souverän und effektiv auszufüllen. Das Ziel ist hierbei nicht, Sie zu einer vorgegebenen Art von Führungskraft zu formen, vielmehr soll es Ihnen dazu verhelfen, Ihren eigenen Führungsstil zu finden und zu verfeinern.

Die Hauptthemen des Buches drehen sich um die Herausforderungen des Führungsalltags, den Aufbau und die Pflege erfolgreicher Teams, die Entwicklung und Verfeinerung von Führungsstilen und den Umgang mit Veränderungen und Unsicherheiten. In diesem Zusammenhang wird das Buch in vier verschiedene Themenbereiche unterteilt. Im ersten Teil finden Sie das Vorwort, einen kurzen Überblick über die wesentlichen Inhalte und Informationen über den Autor. Der zweite Teil bietet einen tieferen Einblick in verschiedene Führungsstile und -modelle und hilft Ihnen mit praxisnahen Tipps, Ihren eigenen, authentischen Führungsstil zu finden und zu entwickeln. Im dritten Teil liegt der Fokus auf Fallstudien von erfolgreichen Unternehmen und Unternehmern. Hierbei werden deren Erfolgsgeheimnisse intensiv beleuchtet, und die daraus resultierenden

Handlungsempfehlungen für Führungskräfte abgeleitet. Der vierte und letzte Teil bietet weiterführende Hinweise, wie Sie Ihre Führungskompetenz darüber hinaus mit anderweitigen Tools optimieren können. Am Ende eines jeden Themenbereiches befindet sich eine kurze Inhaltszusammenfassung, um das Gelesene nochmals zu vertiefen oder um einen schnellen Zugriff auf das Wesentliche ermöglichen zu können. Letztendlich dient dieses Buch dazu, Sie zu informieren, indem Ihnen fundiertes und praxisnahes Wissen über Führung zur Verfügung gestellt wird. Es bietet zudem einen unterhaltsamen Effekt, da es Geschichten aus der realen Welt enthält, welche die theoretischen Lektionen und Konzepte lebendig und greifbar machen. Es soll es zum Nachdenken anregen und Sie dazu ermutigen, die eigenen Führungsansätze und -praktiken zu reflektieren, zu hinterfragen und zu optimieren.

Ein besonderes Extra, das dieses Buch von anderen abhebt, ist die Möglichkeit, an einem kostenfreien Online-Kurs teilzunehmen. Darin werden essenzielle Führungsinstrumente für den praktischen Einsatz vorgestellt. Für jedes Instrument gibt es nicht nur ein erklärendes Video, in dem ich persönlich zeige, wie man dieses effektiv anwendet, sondern auch eine digitale Merkkarte mit einer detaillierten Schritt-für-Schritt-Anleitung. Diese können Sie online jederzeit abrufen und im Alltag einsetzen, um Ihre Führungsfähigkeiten gezielt zu verbessern. Der Online-Kurs ist völlig kostenfrei und umfass mehr als ein Dutzend verschiedener Führungsinstrumente. Darüber hinaus erhalten Sie wertvolle Hinweise darauf, wie Sie diese Instrumente in unterschiedlichen Situationen effektiv anwenden können.

Wie Sie sicherlich schon erahnen können, haben Sie nach dem Lesen dieses Buches und der Teilnahme am Online-Kurs sowohl die Fähigkeiten als auch das Selbstvertrauen, ihre Führungsrolle effektiv und authentisch auszufüllen. Sie werden mit einem klaren Verständnis dafür zurückgelassen, was es bedeutet, eine Führungskraft zu sein, und mit einer Vielzahl praktischer Werkzeuge und Strategien, die Sie in Ihrer täglichen Arbeit einsetzen können. Dieses Buch soll Sie inspirieren, motivieren und ermutigen, Ihren eigenen Weg zu gehen und Ihr Führungspotenzial voll auszuschöpfen. Denn ich glaube fest daran: Führung beginnt mit der

Entscheidung, Verantwortung zu übernehmen – für sich selbst, für Ihr Team und für das gemeinsame Ziel.

Bevor Sie in die faszinierende Welt der Führungsinstrumente eintauchen, möchten wir Ihnen eine exklusive Gelegenheit vorstellen. Am Ende dieses Buches finden Sie eine detaillierte Anleitung zu einem kostenfreien Online-Kurs zum Buch, der speziell entwickelt wurde, um die Inhalte dieses Buches zu vertiefen und Sie in der praktischen Anwendung zu unterstützen.

Warum jetzt schon darauf zugreifen?

Der Kurs ist so gestaltet, dass er Hand in Hand mit den Inhalten des Buches geht. Das bedeutet, dass Sie parallel zum Lesen des Buches bereits mit dem Kurs starten können. Dies bietet Ihnen die Möglichkeit, das Gelernte sofort in die Praxis umzusetzen und Ihren Lernprozess zu beschleunigen.

Wie können Sie teilnehmen?

Sie können entweder bis zum Ende des Buches warten, um mehr über den Kurs zu erfahren, oder Sie nutzen jetzt gleich die Möglichkeit und scannen den QR-Code oder nutzen folgenden Link **www.leadmark.de/chef**, um sich sofort anzumelden. Willkommen im Führungskreis:

Ihre Einladung zur Exzellenz

www.leadmark.de/chef

In diesem Sinne lade ich Sie ein, den ersten Schritt auf dieser spannenden Reise zu machen. Ich wünsche Ihnen dabei viel Freude, Mut und Erfolg.

Über den Autor Alexander Markwirth

Alexander Markwirth ist nicht nur einer der jüngsten Management Executive Coaches Deutschlands, sondern auch ein vielseitig qualifizierter Berater und Bestsellerautor. Mit seiner «Multiplikator-Methode» hat er einen innovativen Ansatz entwickelt, der weit über traditionelles Coaching hinausgeht. Er adressiert nicht nur die Oberfläche von Problemen, sondern dringt bis zu den Wurzeln vor, um tiefgreifende und nachhaltige Veränderungen in Organisationen und bei Einzelpersonen herbeizuführen.

Aufgewachsen in einer Großfamilie im Schwarzwald, kam Alexander früh mit den Herausforderungen des menschlichen Sozialverhaltens in Berührung. Mit 21 Jahren übernahm er bereits die Verantwortung für 30 Mitarbeitenden und konnte durch seine rapide Persönlichkeitsentwicklung bald als Berater und Coach Fuß fassen. Dabei hat er festgestellt, dass konventionelle Methoden oft an Grenzen stoßen, weil sie nicht das volle Potenzial der Menschen ausschöpfen. Deshalb hat er über viele Jahre hinweg unterschiedlichste Coachingausbildungen besucht, von systemischen Ansätzen bis zur Verhaltenstherapie, und sie in seine Multiplikator-Methode integriert.

Von Beginn seiner Karriere an hat Alexander Markwirth einen starken Fokus auf innovative Ansätze in der Führung und Unternehmensberatung gelegt. Besonders richtungsweisend war er im Jahr 2012, als er begann, Führungskräften zu zeigen, wie sie ihre Mitarbeitende über Cloud-basierte Systeme dezentral und weltweit organisieren können. Zu einer Zeit, in der in deutschen Unternehmen das Faxgerät noch eine zentrale Rolle spielte, war Alexander Markwirth ein Vorreiter in der Anwendung moderner Technologien im Management. Mit diesem visionären Ansatz hat er nicht nur den technologischen Wandel in Unternehmen beschleunigt, sondern auch dazu beigetragen, dass diese flexibler und anpassungsfähiger in einer zunehmend vernetzten globalen Landschaft werden.

Mit seinem 2021 erschienenen Buch «Sei faul, führe smart!» setzt Alexander Markwirth seine Vision für effektive Führung und Lebensgestaltung in die Welt. Das Buch wurde schnell zu einem Amazon Bestseller und hat zahlreichen Führungskräften praktische Tipps für den Alltag gegeben. Auch die renommierten Unternehmen Gerolsteiner Brunnen, Mitsubishi und Condor gehören zu seinen zufriedenen Klienten, und die Auszeichnungen als bester Unternehmensberater in Baden-Württemberg und Deutschland bestätigen seinen Erfolg.

In jüngster Zeit hat sich Alexander Markwirth intensiv dem Thema künstliche Intelligenz (KI) gewidmet. Er begleitet große Unternehmen dabei, KI-Technologien erfolgreich einzuführen und effektiv zu nutzen. Dabei geht es ihm nicht nur um die Implementierung technischer Systeme, er zielt darauf ab, ein Umdenken in Unternehmen zu bewirken. Er möchte Führungskräfte und Teams befähigen, «intelligent» im Umgang mit KI zu handeln und zu denken. Durch seine fundierten Beratungen werden Unternehmen zu Vorreitern in der Nutzung von KI. Dies ermöglicht es ihnen, ihre Marktposition nicht nur zu behaupten, sondern auch signifikant auszubauen. In einer Zeit, in der technologische Fortschritte den Unternehmenserfolg immer stärker beeinflussen, bietet Alexander Markwirth eine zukunftsfähige Perspektive und praktische Lösungen, die weit über traditionelle Management-Ansätze hinausgehen.

Wie können Sie mit dem Autor in Kontakt treten?

Ich freue mich immer, von meinen Lesern zu hören und ihre Gedanken, Fragen und Erfahrungen zu lesen bzw. zu hören. Es gibt verschiedene Möglichkeiten, wie Sie mich kontaktieren können:

E-Mail:

Sie können mir jederzeit eine
E-Mail **chef@leadmark.de** senden.
Ich versuche, alle E-Mails so schnell wie möglich zu beantworten.

Social Media:

Ich bin auf verschiedenen Social-Media-Plattformen aktiv,
darunter LinkedIn, Sie können mir dort folgen und Kontakt aufnehmen.
https://www.linkedin.com/in/alexandermarkwirth/

Website:

Auf meiner Website finden Sie weitere Informationen
zu meinen Arbeiten und Projekten. Dort gibt es auch ein
Kontaktformular, das Sie nutzen können, um mir eine
Nachricht zu senden. **www.leadmark.de**

Bitte zögern Sie nicht, mich zu kontaktieren. Ich freue mich darauf, von Ihnen zu hören und Ihre Reise in der Führungsrolle zu unterstützen.

2.

Herleitung und Vorstellung die Multiplikatormethode

Führung als Schlüssel zur Mitarbeiterbindung

Führung als häufigster Kündigungsgrund

Es gibt viele Faktoren, die dazu beitragen können, dass Mitarbeitende ein Unternehmen verlassen, aber die Führungskraft ist oft der ausschlaggebende Faktor. Tatsächlich zeigt eine aktuelle Studie von Deloitte aus dem Jahr 2019, dass schlechte Führung der häufigste Grund für eine Kündigung ist. Auf einem Arbeitsmarkt, der immer stärker vom Arbeitnehmer dominiert wird, ist es von entscheidender Bedeutung, dass Unternehmen die Führungskräfte entwickeln, die sie benötigen, um talentierte Mitarbeitenden zu halten und zu binden.

Es ist bemerkenswert, dass andere häufige Kündigungsgründe, wie mangelnde Aufstiegsmöglichkeiten oder zu wenig glückliche Mitarbeitererlebnisse, die in der Deloitte-Studie hervorgehoben wurden, ebenfalls auf die Führung und die direkte Führungskraft zurückzuführen sind.

Welche Austrittsgründe treffen bei Ihnen zu?

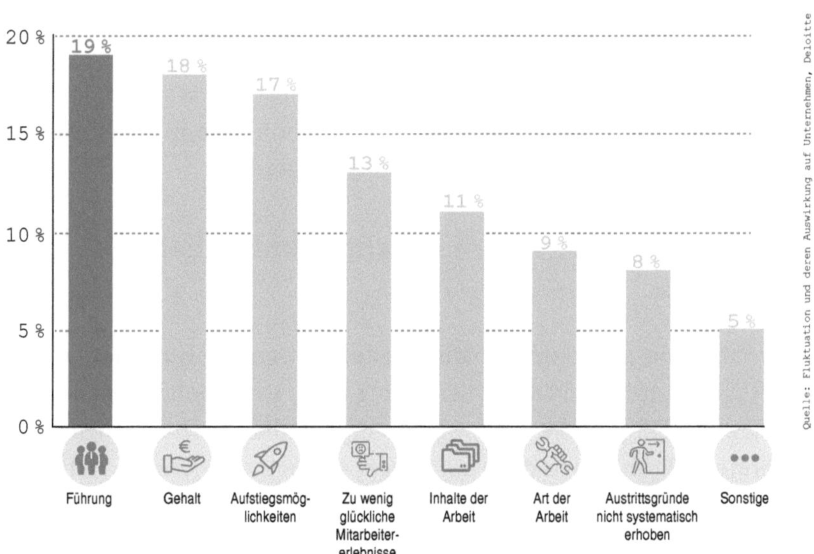

Quelle: Fluktuation und deren Auswirkung auf Unternehmen, Deloitte

Mangelnde Aufstiegsmöglichkeiten
Mitarbeitende möchten wissen, dass sie die Möglichkeit haben, in ihrer Karriere voranzukommen. Wenn es ihnen an klaren Aufstiegsmöglichkeiten mangelt, fühlen sie sich oft unzufrieden und sehen sich nach anderen Möglichkeiten um. Dies liegt in der Verantwortung der Führungskraft. Es ist ihre Aufgabe, die Talente ihrer Mitarbeitenden zu erkennen und zu fördern und ihnen Möglichkeiten zur Weiterentwicklung zu bieten. Wenn Führungskräfte dies nicht tun, kann dies dazu führen, dass wertvolle Angestellte das Unternehmen verlassen.

Zu wenig glückliche Mitarbeitendenerlebnisse
Die Erfahrungen, die Mitarbeitende in der Arbeitsumgebung machen, sind ein weiterer wichtiger Faktor für ihre Zufriedenheit und Loyalität. Führungskräfte spielen eine entscheidende Rolle dabei, ob diese Erfahrungen positiv oder negativ sind. Sie haben die Macht, die Arbeitsumgebung zu gestalten und eine Kultur zu schaffen, die das Wohlbefinden und die Zufriedenheit der Angestellten fördert. Sie können auch direkt dazu beitragen, dass die Mitarbeitenden glückliche Momente erleben, indem sie ihre Erfolge anerkennen und feiern, ihnen sinnvolle Aufgaben zuweisen und für eine positive Atmosphäre sorgen.

Das alles zeigt, wie wichtig es ist, dass Führungskräfte die richtigen Fähigkeiten und Einstellungen haben. Eine gute Führungskraft kann nicht nur dazu beitragen, dass Angestellte im Unternehmen bleiben, sondern kann auch ihre Produktivität und Zufriedenheit steigern.

Emotionale Bindung und die Wechselbereitschaft in Deutschland

Die emotionale Bindung von Mitarbeitenden an ihr Unternehmen ist ein entscheidender Faktor für den Erfolg eines Unternehmens. Sie kann das Engagement und die Leistung der Angestellten verbessern, ihre Zufriedenheit erhöhen und dazu beitragen, sie im Unternehmen zu halten. Laut einer aktuellen Studie von Gallup aus dem Jahr 2022 haben jedoch lediglich 13% der Mitarbeitenden eine hohe emotionale Bindung zu ihrem Unternehmen. Dies bedeutet, dass 87% der Arbeitnehmenden entweder keine oder nur eine geringe emotionale Bindung zu ihrem Arbeitsplatz haben.

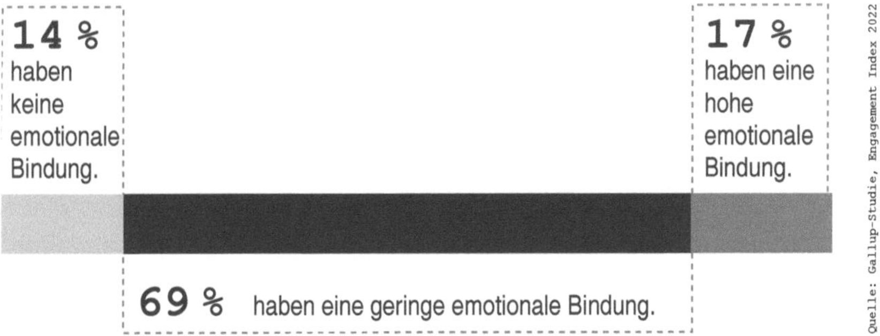

Eine hohe emotionale Bindung kann dazu führen, dass sich die Arbeitnehmenden stärker für ihr Unternehmen einsetzen, kreativer sind und weniger wahrscheinlich kündigen. Im Gegensatz dazu kann eine geringe emotionale Bindung dazu führen, dass Mitarbeitende weniger engagiert und produktiv sind und eine höhere Wahrscheinlichkeit haben, das Unternehmen zu verlassen.

Folgen einer niedrigen emotionalen Bindung

Die Folgen einer niedrigen emotionalen Bindung sind nicht nur für das einzelne Unternehmen, sondern auch für die gesamte Volkswirtschaft gravierend. Eine geringe emotionale Bindung kann zu einer inneren Kündigung führen, bei der die Mitarbeitenden zwar physisch anwesend, aber mental und emotional abwesend sind. Sie erledigen ihre Aufgaben, sind aber nicht engagiert oder motiviert und tragen wenig zum Erfolg des Unternehmens bei.

Die innerliche Kündigung kann erhebliche Kosten verursachen, sowohl in Bezug auf die Produktivität als auch auf die allgemeine Arbeitsmoral. Die mangelnde emotionale Bindung von Mitarbeitenden kostet Unternehmen jährlich Milliarden. Gerade in wirtschaftlich schwierigen Zeiten können sich Unternehmen diese Haltung weniger denn je leisten.

Mitarbeitende, die innerlich gekündigt haben, verursachen aufgrund von Produktivitätseinbußen volkswirtschaftliche Kosten, die sich 2022 auf eine Summe zwischen 118,1 und 151,1 Milliarden Euro (Berechnung basierend auf Zahlen des Statistischen Bundesamtes) beliefen. Dies ist ein beträchtlicher wirtschaftlicher Schaden, der durch die Verbesserung der emotionalen Bindung der Angestellten reduziert werden könnte.

Insgesamt unterstreicht dies die entscheidende Rolle, die Führungskräfte bei der Schaffung einer starken emotionalen Bindung der Mitarbeitenden spielen. Durch die Implementierung der Prinzipien und Techniken der Multiplikator-Methode können Führungskräfte eine Kultur schaffen, die das Engagement und die Zufriedenheit der Arbeitnehmenden fördert und letztendlich zu einer stärkeren emotionalen Bindung führt.

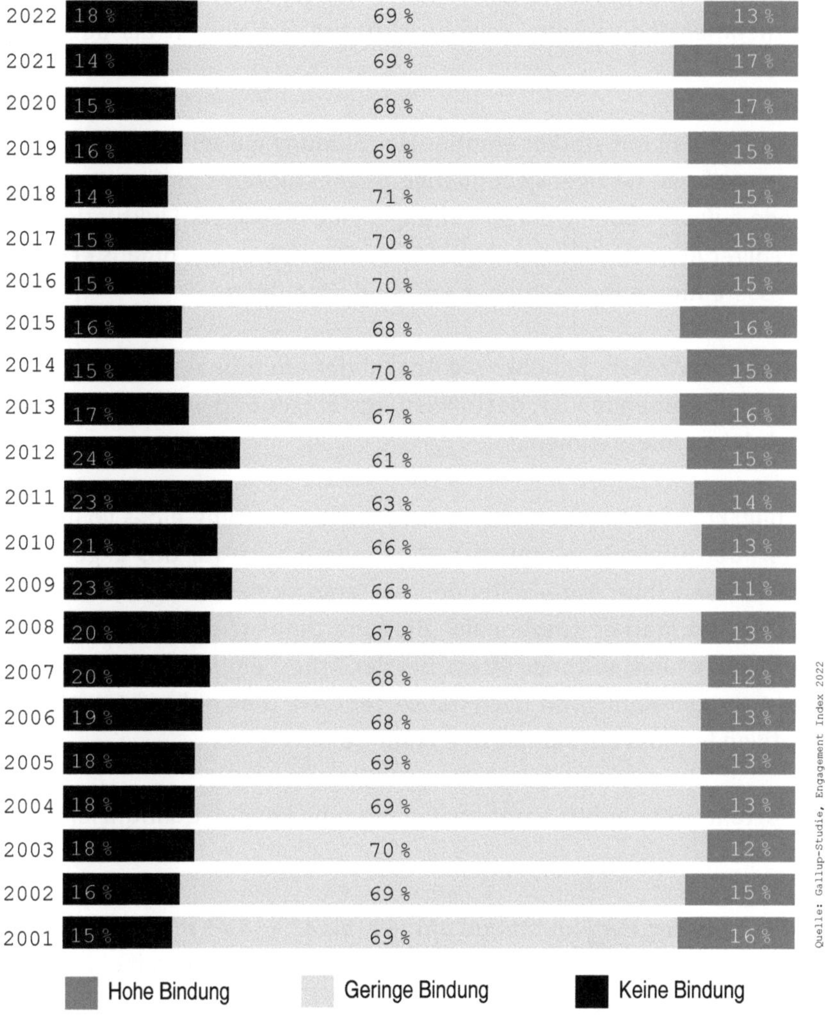

Die Vorteile emotionaler Bindung auf einen Blick: Auswirkungen auf die Performance

Die positiven Auswirkungen guter Führung sind empirisch belegt: Die neueste Metaanalyse von Gallup, die auf Daten von 276 Unternehmen aus 54 Branchen und 2,7 Millionen Mitarbeitenden aus 96 Ländern basiert, unterstreicht dies deutlich. Die Studie offenbart eine klare Korrelation zwischen emotionaler Mitarbeiterbindung und wesentlichen

Unternehmensindikatoren, sowohl in Bezug auf Kosten als auch auf Wachstum.

Arbeitsgruppen mit starker emotionaler Bindung weisen im Vergleich zu ihren emotional weniger gebundenen Gegenstücken signifikante Unterschiede auf: sie haben weniger Fehltage, eine niedrigere Fluktuationsrate, weniger Arbeitsunfälle und Qualitätsmängel. Darüber hinaus erzielen sie bessere Kundenbewertungen und sind produktiver.

Mit anderen Worten, je höher die Anzahl der emotional stark gebundenen Arbeitnehmenden ist, desto leistungsfähiger und wettbewerbsfähiger wird das Unternehmen.

Führungskräfte sind jedoch nicht nur für die Schaffung eines leistungssteigernden Umfelds verantwortlich, sondern auch für das allgemeine Wohlbefinden ihrer Mitarbeitenden. Untersuchungen zeigen, dass Angestellte mit starker emotionaler Bindung tendenziell zufriedener mit ihrem Leben sind, seltener Stress bei der Arbeit empfinden und diesen Stress weniger häufig mit nach Hause nehmen. Dies reduziert auch den negativen Einfluss auf Familie und Freunde.

Die Vorteile einer hohen emotionalen Bindung können quantifiziert werden:

- Reduzierung der Fluktuation um 18% bis 43% (43% in Unternehmen mit einer niedrigen Fluktuation, 18% in Unternehmen mit einer hohen Fluktuation)
- Reduzierung der Fehlzeiten (Krankentage) um 81%
- Reduzierung der Arbeitsunfälle um 64%
- Reduzierung der Qualitätsmängel um 41%
- Verbesserung der Kundenbewertungen um 10%

All diese Aspekte verdeutlichen, wie wichtig es ist, als Führungskraft eine starke emotionale Bindung zu den Mitarbeitenden zu pflegen.

Die Rolle der Führungskraft

Führungskräfte spielen eine entscheidende Rolle bei der Förderung der emotionalen Bindung der Arbeitnehmenden. Sie haben die Macht, die Arbeitsumgebung zu gestalten und eine Kultur zu schaffen, die das Wohlbefinden und die Zufriedenheit der Mitarbeitenden fördert. Eine positive, unterstützende und inklusive Kultur kann dazu beitragen, die emotionale Bindung zu stärken.

Außerdem können Führungskräfte durch ihre Kommunikation und ihr Verhalten die emotionale Bindung ihrer Mitarbeitenden beeinflussen. Wenn Führungskräfte offen und ehrlich kommunizieren, Anerkennung und Wertschätzung zeigen und ihre Mitarbeitenden unterstützen, kann dies dazu beitragen, die emotionale Bindung zu stärken.

Wechselbereitschaft in Deutschland

In den letzten Jahren hat die Wechselbereitschaft erheblich zugenommen. Während sie 2016 noch bei 18% lag, ist sie bis 2021 auf 39% gestiegen. Das bedeutet, dass mehr als jeder dritte Mitarbeitende aktiv nach neuen beruflichen Möglichkeiten sucht.

Ein Teil dieses Anstiegs kann auf die Auswirkungen der Corona-Pandemie zurückgeführt werden. Viele hatten während der Lockdowns und der Umstellung auf Homeoffice mehr Zeit zum Nachdenken und Reflektieren. Sie stellten sich Fragen wie «Will ich so weiterarbeiten?» und «Möchte ich meine Arbeitszeit in Zukunft so verbringen?» und kamen zu dem Schluss, dass sie nach neuen Möglichkeiten suchen möchten.

Die Generation Z, die einen großen Teil der aktuellen und zukünftigen Belegschaft ausmacht, trägt ebenfalls zur Zunahme der Wechselbereitschaft bei. Diese Generation ist nicht mehr nur daran interessiert, eine Arbeit zu haben, sondern sie möchte auch, dass ihre Arbeit sinnvoll ist und zu ihren persönlichen und beruflichen Zielen passt.

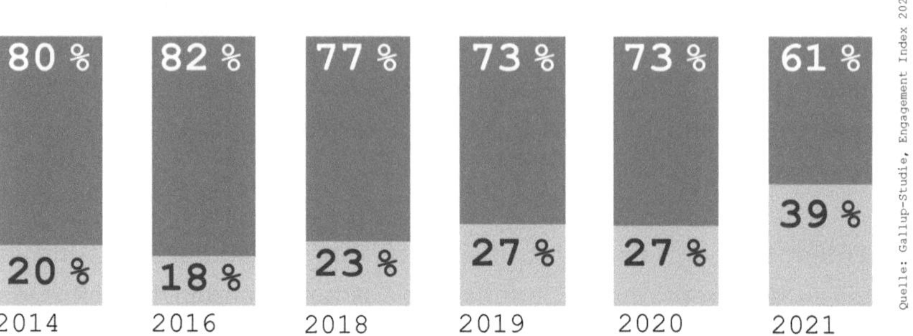

Emotionale Bindung als Puffer gegen hohe Wechselwilligkeit
Infolge der geringen emotionalen Bindung und der für Arbeitnehmer vorteilhaften Marktlage, steigt die Bereitschaft, den Arbeitsplatz zu wechseln - ein Phänomen, das vor allem im zeitlichen Kontext explosive Wirkung hat. Während im Jahr 2018 noch 77 Prozent der Befragten planten, ohne Einschränkungen auch in einem Jahr noch bei ihrem aktuellen Arbeitgeber zu sein, ist dieser Anteil mittlerweile auf 55 Prozent gefallen. Der Anteil derer, die auch in drei Jahren noch für ihren aktuellen Arbeitgeber arbeiten wollen, ist in den letzten fünf Jahren ebenfalls d eutlich gesunken - von 65 Prozent im Jahr 2018 auf nun 39 Prozent. Zugleich bewerten Arbeitnehmer ihre beruflichen Perspektiven in einem für Unternehmen schwierigen Umfeld so positiv wie selten zuvor.

Fluktuationskosten und Maßnahmen dagegen

Fluktuation kann für Unternehmen hohe Kosten verursachen. Laut einer Studie von Deloitte belaufen sich die Fluktuationskosten pro Mitarbeitenden auf durchschnittlich 14.900 €. Die aktuelle Fluktuationsrate in Deutschland beträgt 29,6 %. Hierbei gilt es, zwischen gesunder und ungesunder Fluktuation zu unterscheiden. Eine gesunde Fluktuation, abhängig von Branche und Unternehmen, liegt etwa zwischen 8 und 12 %. Eine ungesunde Fluktuation liegt deutlich über diesen 12 %. Eine Fluktuationsrate von 29,6 % kann sicherlich nicht mehr als gesunde Fluktuation betrachtet werden, sondern stellt für Unternehmen einen kostspieligen Faktor dar.

Um zu veranschaulichen, wie teuer Fluktuation sein kann, werden im Folgenden drei Berechnungsbeispiele aufgestellt:

1. Unternehmen mit unter 100 Mitarbeitern: Angenommen, ein Unternehmen hat 100 Mitarbeitende. Bei einer Fluktuationsrate von 29,6 % verlassen jährlich 30 Personen das Unternehmen. Die Kosten für diese Fluktuation belaufen sich dann auf 30 Personen * 14.900 € = 447.000 € pro Jahr.

2. Unternehmen mit 100 bis 1.000 Mitarbeitende: Ein mittelständisches Unternehmen mit 1.000 Mitarbeitenden hat bei einer Fluktuationsrate von 29,6 % jährlich 296 Personen, die das Unternehmen verlassen. Die Kosten hierfür betragen 296 Personen * 14.900 € = 4.410.400 € pro Jahr.

3. Unternehmen mit über 1.000 Mitarbeitenden: Ein großes Unternehmen mit 5.000 Mitarbeitenden sieht sich bei einer Fluktuationsrate von 29,6 % mit 1.480 abwandernden Personen pro Jahr konfrontiert. Die Kosten hierfür belaufen sich auf 1.480 Personen * 14.900 € = 22.052.000 € pro Jahr.

Berücksichtigen wir nun die natürliche Fluktuation von 12 %, um die übermäßige Fluktuation und die damit verbundenen Kosten zu ermitteln:

1. Unternehmen mit unter 100 Mitarbeitenden: Von den ursprünglichen 30 abwandernden Mitarbeitenden sind 12 %, also etwa 12 Mitarbeitende, normale Fluktuation. Dies bedeutet eine übermäßige Fluktuation von 18 Mitarbeitenden, was Kosten von 18 Personen * 14.900 € = 268.200 € pro Jahr verursacht.

2. Unternehmen mit 100 bis 1.000 Mitarbeitenden: Von den 296 abwandernden Mitarbeitenden sind 12 %, also etwa 120 Mitarbeitende, normale Fluktuation. Das ergibt eine übermäßige Fluktuation von 176 Mitarbeitende, was zu Kosten von 176 Personen * 14.900 € = 2.624.400 € pro Jahr führt.

3. Unternehmen mit über 1.000 Mitarbeitern: Von den 1.480 abwandernden Mitarbeitern sind 12 %, also etwa 600 Mitarbeiter, normale Fluktuation. Die übermäßige Fluktuation beträgt also 880 Mitarbeiter, was Kosten von 880 Mitarbeiter * 14.900 € = 13.112.000 € pro Jahr verursacht.

Diese Beispiele zeigen deutlich, dass selbst bei Berücksichtigung einer natürlichen Fluktuation hohe Kosten für Unternehmen entstehen. Daher ist es von entscheidender Bedeutung, Maßnahmen zu ergreifen, um die Fluktuation zu reduzieren.

Die ungewünschte hohe Fluktuation in einem Unternehmen ist nicht nur finanziell teuer, sondern hat auch eine Reihe weiterer negativer Auswirkungen, die die gesamte Unternehmensleistung beeinträchtigen können.

- **Verlust von Fachwissen und Erfahrung:** Wenn Mitarbeitende ein Unternehmen verlassen, nehmen sie ihre Kenntnisse und Erfahrungen mit sich. Dies kann besonders schädlich sein, wenn es sich um Schlüsselkräfte handelt, die spezifische Fähigkeiten und Kenntnisse besitzen, die nicht leicht zu ersetzen sind. Darüber hinaus kann ihr Weggang einen Wissensverlust bedeuten, der nur schwer zu quantifizieren ist.

- **Sinkende Produktivität:** Jeder Personalwechsel bringt eine gewisse Unterbrechung des Arbeitsflusses mit sich. Neue Mitarbeitende brauchen Zeit, um sich einzuarbeiten und ihre maximale Produktivität zu erreichen. Während dieser Einarbeitungsphase kann die Produktivität sinken.

- **Mehrbelastung für bestehende Angestellte:** Der Weggang von Mitarbeitenden kann zu einer Mehrbelastung für die verbleibenden Angestellten führen, da diese die Aufgaben der Abwandernden übernehmen müssen, was zu Überarbeitung und möglicherweise zu weiterer Fluktuation führen kann.

- **Auswirkungen auf das Betriebsklima:** Hohe Fluktuation kann das Betriebsklima und die Moral der Mitarbeitenden negativ beeinflussen. Arbeitnehmende könnten sich fragen, warum ihre Kollegen das Unternehmen verlassen und ob sie dies auch tun sollten.

- **Kundenbeziehungen und -vertrauen:** In vielen Branchen bauen Mitarbeitende langfristige Beziehungen zu Kunden auf. Wenn diese das Unternehmen verlassen, kann dies das Vertrauen und die Kontinuität in der Kundenbetreuung beeinträchtigen, was sich wiederum negativ auf die Kundenzufriedenheit und -loyalität auswirken kann.

Um diesen negativen Auswirkungen entgegenzuwirken, müssen Unternehmen proaktive Maßnahmen ergreifen.

Maßnahmen gegen ungewünschte Fluktuation

Im Kampf gegen ungewollte Mitarbeitendenfluktuation setzen Unternehmen auf unterschiedliche Strategien. Laut der neuesten Studie von Deloitte 2019 verwenden Unternehmen verschiedene Maßnahmen, um eine hohe Mitarbeitendenbindung zu erzielen und die Fluktuation zu reduzieren:

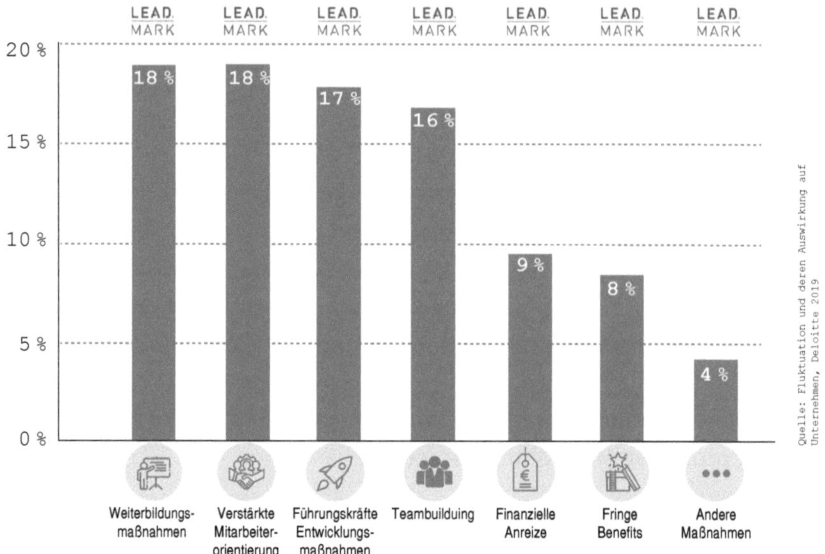

Weiterbildungsmaßnahmen (18%): Die Bereitstellung von Weiterbildungsangeboten hat sich als effektive Methode zur Reduzierung der Fluktuation erwiesen. Solche Programme bieten den Mitarbeitenden die Möglichkeit, ihre Fähigkeiten und Wissen zu erweitern, was wiederum zu einer höheren Arbeitszufriedenheit und Loyalität führt. Beispiel: Ein Unternehmen könnte spezifische Schulungen anbieten, die auf die Rollen und Verantwortlichkeiten der Arbeitnehmenden zugeschnitten sind. Dies verbessert nicht nur ihre Leistung, sondern erhöht auch ihr Engagement und ihre Zufriedenheit.

Verstärkte Mitarbeitendenorientierung (18%): Durch die Förderung einer Unternehmenskultur, die auf die Bedürfnisse der Mitarbeitenden eingeht, können Unternehmen ihre Mitarbeiterbindung verbessern.

Dazu gehören Maßnahmen wie flexible Arbeitszeiten, Unterstützung von Work-Life-Balance und Mitarbeiter-Beteiligungsprogramme. Beispiel: Ein Unternehmen könnte flexible Arbeitsmodelle einführen, die den Angestellten erlauben, ihre Arbeitszeiten an ihre persönlichen Umstände anzupassen.

Führungskräfteentwicklungsmaßnahmen (17%): Führungskräfte spielen eine entscheidende Rolle bei der Gestaltung der Mitarbeitererfahrung. Durch Trainings und Entwicklungsprogramme für Führungskräfte können Unternehmen sicherstellen, dass ihre Führungskräfte über die notwendigen Fähigkeiten verfügen, um ihre Teams effektiv zu führen und zu motivieren. Beispiel: Ein Unternehmen könnte ein Mentoring-Programm einführen, bei dem erfahrene Führungskräfte weniger erfahrenen Führungskräften als Mentoren zur Seite stehen.

Teambuilding (16%): Teambuilding-Aktivitäten fördern den Zusammenhalt und die Zusammenarbeit in Teams, was wiederum die Arbeitszufriedenheit und Loyalität der Mitarbeiter erhöht. Beispiel: Ein Unternehmen könnte regelmäßig Teambuilding-Events veranstalten, bei denen die Mitarbeitenden die Möglichkeit haben, ihre Beziehungen zu ihren Kollegen zu stärken.

Finanzielle Anreize (9%): Attraktive Vergütungspakete und finanzielle Anreize können ebenfalls dazu beitragen, die Mitarbeitendenbindung zu verbessern. Beispiel: Ein Unternehmen könnte ein Bonusprogramm einführen, das die Angestellten für ihre Leistung belohnt.

Benefits (8%): Zusätzlich zur Bezahlung können Unternehmen auch verschiedene Benefits anbieten, um ihre Angestellten zu binden. Dazu können z.B. Gesundheitsleistungen, Pensionspläne oder Mitarbeiteraktienprogramme gehören. Beispiel: Ein Unternehmen könnte ein Gesundheitsprogramm einführen, das den Zugang zu Fitnessstudio-Mitgliedschaften oder Gesundheits- und Wellness-Kursen ermöglicht.

Andere Maßnahmen (4%): Darüber hinaus können Unternehmen auch andere Maßnahmen ergreifen, wie z.B. die Verbesserung der Arbeitsbedingungen, die Förderung der Vielfalt und Inklusion oder die Verbesserung der internen Kommunikation. Beispiel: Ein Unternehmen könnte eine Feedback-Kultur einführen, bei der die Mitarbeitenden ermutigt werden, ihre Meinungen und Ideen offen zu teilen.

Jede dieser Strategien kann je nach den spezifischen Bedürfnissen und Umständen eines Unternehmens wirksam sein. Es ist wichtig zu beachten, dass eine Kombination von Strategien oft am effektivsten ist, um die Fluktuation zu reduzieren und eine hohe Mitarbeiterbindung zu erreichen.

Neben den bereits erwähnten Weiterbildungsmaßnahmen, Führungskräfteentwicklung, Teambuilding und finanziellen Anreizen gibt es noch weitere effektive Strategien:

- **Gesunde Arbeitsumgebung:** Eine positive und gesunde Arbeitsumgebung ist ein wesentlicher Faktor für die Mitarbeitendenbindung. Dies beinhaltet sowohl physische Aspekte (wie ein sicherer, sauberer und ergonomisch gestalteter Arbeitsplatz) als auch psychische Aspekte (wie eine respektvolle und unterstützende Unternehmenskultur, Möglichkeiten zur Work-Life-Balance und ein angemessenes Stressmanagement).

- **Flexibilität:** Flexible Arbeitszeiten und die Möglichkeit zum Homeoffice können ein großer Anreiz für Mitarbeitende sein, im Unternehmen zu bleiben. Durch die Berücksichtigung individueller Bedürfnisse und Lebensumstände können Unternehmen die Zufriedenheit und die Bindung erhöhen.

- **Anerkennung und Wertschätzung:** Mitarbeitende fühlen sich motiviert und geschätzt, wenn ihre Leistungen anerkannt und gewürdigt werden. Dies kann durch regelmäßiges Feedback, Anerkennungsprogramme oder kleine Aufmerksamkeiten geschehen.

- **Karriere- und Entwicklungsmöglichkeiten:** Mitarbeitende sind eher geneigt, in einem Unternehmen zu bleiben, das ihnen klare Karrierepfade und Entwicklungsmöglichkeiten bietet. Das kann durch interne Förderprogramme, Fortbildungen, oder durch die Schaffung von Möglichkeiten zur Übernahme von mehr Verantwortung geschehen.

- Mitarbeitendenbeteiligung: Die Einbindung in Entscheidungsprozesse kann dazu beitragen, ein Gefühl der Zugehörigkeit und des Wertgeschätztseins zu fördern. Dies kann durch regelmäßige Mitarbeitendenbefragungen, das Einrichten von Mitarbeitendengremien oder die Förderung einer offenen Kommunikationskultur geschehen.

- **Gesundheitsmanagement:** Die Bereitstellung von Maßnahmen zur Gesundheitsförderung kann die Mitarbeitendenbindung erhöhen. Dazu können zum Beispiel Fitnessangebote, Gesundheitschecks oder psychologische Beratung gehören.

- **Vergütungsstrategien:** Eine faire und marktgerechte Bezahlung ist ein Grundpfeiler der Mitarbeitendenbindung. Unternehmen können auch über Leistungsprämien oder Bonussysteme nachdenken, um die Motivation und Loyalität zu erhöhen.

Diese Maßnahmen sind nicht in Stein gemeißelt und sollten an die spezifischen Bedürfnisse und Umstände des jeweiligen Unternehmens angepasst werden. Es ist wichtig, regelmäßig Feedback von den Mitarbeitenden einzuholen und die Effektivität der ergriffenen Maßnahmen zu überprüfen und gegebenenfalls anzupassen. Mit einer gut durchdachten und konsequent umgesetzten Strategie zur Mitarbeiterbindung kann die ungewollte Fluktuation deutlich reduziert werden.

Positive Führung als entscheidender Wettbewerbsvorteil

Die gute Nachricht ist: Firmen können durch eine effektive Führungskultur zur gesteigerten emotionalen Bindung ihrer Mitarbeitenden beitragen und so aktiv der Wechselbereitschaft entgegenwirken. Unter den emotional stark gebundenen Angestellten möchten 86 Prozent auch in einem Jahr noch bei ihrem jetzigen Arbeitgeber sein (bei ungebundenen nur 20 %), und nur 2 Prozent von ihnen sind aktuell aktiv auf der Suche nach einem neuen Job (bei ungebundenen 23 %). Jedoch sind nur ein Viertel der Arbeitnehmenden (25 %) extrem zufrieden mit ihrer aktuellen Führungskraft, während nahezu vier von zehn Befragten (38 %) hier Verbesserungsbedarf sehen.

Diese Daten offenbaren: Mangelhafte Führung wird mit einer erhöhten Wechselbereitschaft bestraft. In einem unsteten Arbeitsmarkt müssen Firmen sich darauf konzentrieren, ihre Mitarbeitenden zu binden, um die Folgen von Fachkräftemangel und generellem Arbeitskräftemangel abzufedern und ihre Leistungs- und Wettbewerbsfähigkeit zu bewahren. Denn Fluktuation bedeutet nicht nur, neue Mitarbeitende rekrutieren zu müssen, sondern in der Regel auch den Verlust von Erfahrung, Expertise und wichtigen Kontakten. Darüber hinaus kann sie weitere Abwanderungen nach sich ziehen: Der Abgang von Mitarbeitenden wirkt sich häufig negativ auf das Arbeitsklima aus – etwa durch die daraus resultierende Mehrarbeit für das verbliebene Team. Auch Kundenbeziehungen können durch häufige Wechsel beeinträchtigt werden, da die Kontinuität in der Betreuung verloren geht. Jeder Wechsel des Ansprechpartners sorgt für Verunsicherung – dies gilt sowohl für den B2B- als auch für den B2C-Bereich.

Nachdem die Personalabteilung schließlich neue Angestellte gefunden hat, vergehen üblicherweise einige Monate, bis diese produktiv für das Unternehmen arbeiten können. Der neue Mitarbeitende muss zunächst die Arbeitsabläufe und Routinen erlernen, sich im Team zurechtfinden und sich am Arbeitsplatz eingewöhnen. Je nach Aufgabenkomplexität kann es bis zu einem Jahr dauern, bis die Arbeit wieder genauso effektiv und effizient erledigt wird wie von Personen, die bereits länger im Unternehmen tätig waren.

Dazu kommt, dass drei von vier Unternehmen (73 %) aktuell über Fachkräfteengpässe klagen – und ihre Zahl steigt stetig. Jahr für Jahr sind es mehr Unternehmen, die über weniger Fachkräfte verfügen, als sie benötigen (2021: 66 %; 2020: 55 %; Quelle: Bertelsmann Stiftung). Im Durchschnitt dauerte es im letzten Jahr 145 Tage, um eine offene Stelle mit einer entsprechend qualifizierten Person zu besetzen – das sind 23 Tage mehr als im Vorjahr und 77 Tage mehr als noch vor zehn Jahren. Über 845.000 Stellen in Deutschland können zurzeit nicht besetzt werden – der Fachkräftemangel ist längst Realität in deutschen Unternehmen (Quelle: Bundesagentur für Arbeit).

Um wettbewerbsfähig zu bleiben, müssen Unternehmen nicht nur die erlebte Führung überdenken, sondern auch aktiv an deren Qualität und Implementierung im Arbeitsalltag arbeiten. Denn Menschen verlassen nicht das Unternehmen, für das sie arbeiten, sondern die Vorgesetzten, unter denen sie arbeiten – und vor diesem Hintergrund gibt es für schlechte Führung keine Entschuldigung mehr.

DAS WICHTIGSTE IN KÜRZE

Im Kern unseres Diskurses steht die entscheidende Rolle der Führungskräfte in Unternehmen. In einer sich ständig verändernden Arbeitslandschaft ist eine effektive Führung der entscheidende Faktor für die Mitarbeitendenbindung. Schlechte Führung hat sich als Hauptgrund für Kündigungen erwiesen. Führungskräfte beeinflussen maßgeblich die Mitarbeitendenerfahrungen und die Aufstiegsmöglichkeiten, was sich direkt auf die Zufriedenheit und Loyalität auswirkt.

Zudem haben wir festgestellt, dass eine geringe emotionale Bindung an das Unternehmen negative Auswirkungen auf sowohl das einzelne Unternehmen als auch die gesamte Wirtschaft hat. Ein beunruhigender Prozentsatz der Arbeitnehmenden, nämlich 87%, zeigt keine oder nur eine geringe emotionale Bindung zu ihrem Arbeitsplatz. Dies kann zu geringerem Engagement, reduzierter Produktivität und erhöhten Kündigungsraten führen.

Unsere Untersuchungen haben jedoch auch hervorgehoben, dass starke emotionale Bindungen viele messbare Vorteile bringen. Diese reichen von einer erheblichen Reduzierung der Fluktuation und Fehlzeiten über die Verbesserung der Kundenzufriedenheit bis hin zur Erhöhung der Produktivität.

In den letzten Jahren hat die Wechselbereitschaft deutlich zugenommen, was auf verschiedene Faktoren wie die Auswirkungen der Corona-Pandemie und die sich ändernden Erwartungen der Generation Z zurückzuführen ist. Trotzdem haben wir festgestellt, dass eine starke emotionale Bindung ein wirksamer Puffer gegen diese Wechselwilligkeit sein kann.

Als Führungskräfte liegt es in unserer Verantwortung, eine positive, unterstützende und inklusive Kultur zu schaffen und zu pflegen, die das Engagement und die Zufriedenheit der Mitarbeitenden fördert und letztendlich zu einer stärkeren emotionalen Bindung führt. Dies ist ein wichtiger Schritt auf dem Weg zu einem produktiveren, loyaleren und zufriedeneren Mitarbeitendenstamm.

Die Fluktuation in Unternehmen kann hohe Kosten verursachen. Eine Studie von Deloitte beziffert die Fluktuationskosten pro Mitarbeitenden auf durchschnittlich 14.900 €. Die aktuelle Fluktuationsrate in Deutschland beträgt 29,6 %, was über dem gesunden Bereich von 8-12 % liegt. Das verursacht erhebliche Kosten, sogar wenn man eine natürliche Fluktuation berücksichtigt. Zum Beispiel verursacht in einem Unternehmen mit 100 Angestellten und einer Fluktuation von 29,6 % die übermäßige Fluktuation Kosten von 268.200 € pro Jahr.

Neben den finanziellen Auswirkungen gibt es auch andere negative Folgen, wie den Verlust von Fachwissen, sinkende Produktivität, Mehrbelastung für das verbleibende Team, negative Auswirkungen auf das Betriebsklima und die Kundenbeziehungen. Daher ist es entscheidend, Maßnahmen zur Reduzierung der Fluktuation zu ergreifen.

Maßnahmen gegen hohe Fluktuation umfassen Weiterbildungsmaßnahmen, verstärkte Mitarbeitendenorientierung, Führungskräfteentwicklungsmaßnahmen, Teambuilding, finanzielle Anreize, Benefits und weitere Initiativen. Diese können, abhängig von den spezifischen Bedürfnissen eines Unternehmens, dabei helfen, die Fluktuation zu senken und eine hohe Mitarbeitendenbindung zu erreichen. Zusätzlich können Strategien wie eine gesunde Arbeitsumgebung, Flexibilität, Anerkennung und Wertschätzung, Karriere- und Entwicklungsmöglichkeiten, Mitarbeitendenbeteiligung, Gesundheitsmanagement und Vergütungsstrategien eingesetzt werden.

Eine effektive Führungskultur kann zur gesteigerten emotionalen Bindung der Mitarbeitenden beitragen und so aktiv der Wechselbereitschaft entgegenwirken. Es ist wichtig, regelmäßig Feedback einzuholen und die Effektivität der Maßnahmen zu überprüfen und anzupassen. Mit einer gut durchdachten und konsequent umgesetzten Mitarbeitendenbindungsstrategie kann die ungewollte Fluktuation deutlich reduziert werden.

Die toxische Wirkung von subtrahierenden Führungskräften

Wir alle haben es schon einmal erlebt. Das Gefühl, das uns ergreift, wenn wir am Ende eines langen Arbeitstages den Kopf auf das Kissen legen und uns fragen, warum wir so unzufrieden, frustriert oder unerfüllt sind. Oftmals liegt der Grund dafür in der Qualität unserer Führungskräfte. Wer von uns hat nicht schon unter einer schlechten Führungskraft gelitten? Wer hat nicht schon einmal die Auswirkungen eines unklaren Befehls, einer ungerechten Behandlung oder einer fehlenden Vision zu spüren bekommen?

Wir kennen die Geschichten, oft aus erster Hand: Der Chef, der nicht zuhört, der nie Zeit hat, der ständig kritisiert, ohne konstruktive Lösungen anzubieten. Der Vorgesetzte, der sich bei Misserfolgen in den Schatten zurückzieht und bei Erfolgen im Rampenlicht steht. Solche Führungskräfte «subtrahieren» nicht nur vom Glück und der Zufriedenheit ihrer Mitarbeitenden, sondern auch vom Erfolg des Unternehmens.

Unter «subtrahierenden» Führungskräften verstehe ich diejenigen, die durch ihre Handlungen oder Unterlassungen die Produktivität, Motivation und das allgemeine Wohlbefinden ihrer Teams mindern. Statt ihren Teams zu helfen, sich zu entwickeln und ihr Potenzial voll auszuschöpfen, ziehen diese Führungskräfte ihre Mitarbeitenden herunter und verhindern so, dass sie ihre optimale Leistung erbringen können.

Hier sind Beispiele für das Verhalten von «subtrahierenden» Führungskräften:

- Sie geben unklare oder widersprüchliche Anweisungen, was zu Verwirrung und ineffizienter Arbeit führt.

- Sie halten Informationen zurück, was zu einer mangelhaften Kommunikation und Entscheidungsfindung führt.

- Sie nehmen die Meinungen oder Vorschläge ihrer Teammitglieder nicht ernst und wertschätzen ihre Beiträge nicht.
- Sie führen durch Angst und Einschüchterung, was die Moral senkt, und das Vertrauen untergräbt.
- Sie schieben die Verantwortung für Misserfolge auf andere und nehmen sich selbst die Anerkennung für Erfolge.
- Sie unterstützen die berufliche Entwicklung ihrer Teammitglieder nicht und bieten keine Möglichkeiten zur Verbesserung oder Weiterbildung.
- Sie vermeiden Konflikte, anstatt sie zu lösen, was zu anhaltenden Problemen und einer negativen Arbeitsatmosphäre führen kann.
- Sie zeigen kein Vertrauen in die Fähigkeiten ihrer Teammitglieder und kontrollieren oder mikromanagen ständig deren Arbeit.
- Sie behandeln ihre Mitarbeitenden unfair oder zeigen Favoritismus, was zu Unzufriedenheit und einem geringen Zusammenhalt im Team führt.
- Sie haben keine klare Vision oder Strategie für das Team oder das Unternehmen, was die Ausrichtung und die Motivation beeinträchtigen.
- Sie setzen unerreichbare Ziele oder Erwartungen, was zu Frustration und Burnout führen kann.
- Sie behandeln Fehler als persönliche Angriffe anstatt als Möglichkeiten zum Lernen und Verbessern.
- Sie investieren nicht in Teambuilding-Aktivitäten, was zu mangelnder Zusammenarbeit und Kohäsion führen kann.

- Sie ignorieren oder tolerieren unangemessenes Verhalten, was zu einer toxischen Arbeitskultur führen kann.
- Sie sind nicht in der Lage, effektives Feedback zu geben - sie kritisieren ständig oder vermeiden es, konstruktive Kritik zu üben.
- Sie neigen dazu, Aufgaben zu übernehmen, die sie an ihre Teammitglieder delegieren sollten, was die Entwicklung von Fähigkeiten und Verantwortungsbewusstsein im Team behindert.
- Sie halten an veralteten Methoden und Prozessen fest, anstatt Innovationen und Veränderungen zu fördern.
- Sie konzentrieren sich ausschließlich auf kurzfristige Ziele und vernachlässigen die langfristige Strategie und Planung.
- Sie setzen sich nicht für ihre Teammitglieder ein, wodurch diese das Gefühl haben könnten, nicht unterstützt oder wertgeschätzt zu werden.
- Sie sind nicht transparent in ihrer Kommunikation, was Misstrauen und Unsicherheit im Team schüren kann.

Die Auswirkungen einer solchen Führung auf ein Unternehmen können verheerend sein. Ein «subtrahierender» Führungsstil führt oft zu einer niedrigen Mitarbeitendenmoral, einer hohen Fluktuationsrate und einer allgemein schlechten Arbeitsatmosphäre. Dies kann die Produktivität des Unternehmens stark beeinträchtigen und es kann schwierig werden, qualifizierte Fachkräfte zu halten oder neue zu gewinnen. Darüber hinaus kann es dazu führen, dass das Unternehmen wertvolle Chancen verpasst und letztlich seine Wettbewerbsfähigkeit einbüßt.

Diese Verhaltensweisen sind nicht nur für die Mitarbeitenden schädlich, sondern wirken sich auch negativ auf die gesamte Organisation aus.

Sie können zu schlechter Leistung, hohen Fehlzeiten, geringer Mitarbeitendenbindung und einer allgemeinen Abnahme der Arbeitsmoral führen. In extremen Fällen kann dies sogar das Überleben eines Unternehmens gefährden.

Von Subtraktion zur Addition: Wie gute Führung gelingt

Es ist Montagmorgen. Sie stehen auf, fertig für die Woche, und anstatt dieses allzu bekannten Gefühls der Angst oder der Frustration, spüren Sie Vorfreude. Warum? Weil Sie das Glück haben, für jemanden zu arbeiten, der nicht subtrahiert, sondern addiert. Ein Vorgesetzter, der nicht nur das Beste aus Ihnen herausholt, sondern auch noch mehr dazu beiträgt. Jemand, der nicht nur seinen Job macht, sondern sich um seine Mitarbeitenden und das Unternehmen kümmert. Jemand, der positive Energie und Produktivität fördert.

Führungskräfte, die «addieren», haben die Fähigkeit, sowohl individuell als auch kollektiv zum Wachstum beizutragen. Sie erhöhen die Produktivität, die Arbeitszufriedenheit und den gesamten Erfolg des Unternehmens. Wie sieht nun aber eine «addierende» Führungskraft in der Praxis aus? Hier sind einige Beispiele:

- Sie kommunizieren klar und effektiv, um sicherzustellen, dass alle Teammitglieder wissen, was von ihnen erwartet wird und welche Ziele sie verfolgen sollen.

- Sie bieten konstruktives Feedback und erkennen die Leistung ihrer Mitarbeitenden an, was zur Motivation und zum Engagement beiträgt.

- Sie sind fair und gerecht in ihren Entscheidungen und Handlungen, was das Vertrauen und den Respekt innerhalb des Teams fördert.

- Sie fördern die berufliche Entwicklung, indem sie Weiterbildungsmöglichkeiten anbieten und individuelle Stärken fördern.

- Sie sind offen für neue Ideen und Innovationen und ermutigen ihre Mitarbeitenden, kreativ zu denken und Risiken einzugehen.

- Sie stehen zu ihren Fehlern und nutzen sie als Lernmöglichkeiten, anstatt sie zu ignorieren oder anderen zuzuschreiben.

- Sie setzen sich für die Bedürfnisse und Interessen ihres Teams ein und sorgen dafür, dass sie gehört und berücksichtigt werden.

- Sie sind zugänglich und offen für Gespräche und Feedback, was eine offene und transparente Arbeitsumgebung fördert.

- Sie pflegen eine positive Arbeitsatmosphäre, die zu einer hohen Arbeitsmoral und Zufriedenheit führt.

- Sie setzen eine klare Vision und Strategie für das Team und das Unternehmen, und inspirieren andere dazu, diese Vision zu teilen.

Diese Verhaltensweisen von «addierenden» Führungskräften können eine Vielzahl positiver Auswirkungen auf ein Unternehmen haben. Sie tragen dazu bei, eine Arbeitskultur zu schaffen, in der sich Mitarbeitende wertgeschätzt, motiviert und engagiert fühlen. Dies kann die Mitarbeitendenbindung, die Produktivität und letztendlich auch die Wettbewerbsfähigkeit des Unternehmens verbessern.

Führung im Wandel: Warum Addition allein nicht mehr ausreicht

Wir stehen vor einem bedeutenden demografischen Wandel, der erhebliche Auswirkungen auf die Wirtschaft und die Unternehmen weltweit haben wird. Dieser Wandel wird durch die massiven Abgänge von Babyboomern in den Ruhestand und die gleichzeitige Ankunft der Generation Z auf dem Arbeitsmarkt verursacht. Es entsteht eine Lücke - wir verlieren rund 20 Millionen erfahrene Arbeitskräfte und gewinnen nur 11 Millionen junge und oft weniger erfahrene Fachkräfte hinzu. Dieser Umstand wird oft als «Fachkräftemangel» bezeichnet.

Dieser Fachkräftemangel ist kein Zufall, sondern eine direkte Folge der demografischen Entwicklung. Die Babyboomer-Generation, also die Menschen, die zwischen 1950 und 1964 geboren wurden, stellen eine der größten Bevölkerungsgruppen dar. Als sie die Arbeitsmärkte in den 1960er bis 1980er Jahren betraten, führten sie zu einem enormen Wachstum und Fortschritt in vielen Branchen. Jetzt, da sie in den Ruhestand gehen, hinterlassen sie eine signifikante Lücke.

Es ist nicht nur die schiere Anzahl der Fachkräfte, die uns verlässt. Mit den Babyboomern verlieren Unternehmen eine Fülle an Erfahrung, Wissen und Fähigkeiten, die nicht leicht zu ersetzen sind. Die neue Generation, obwohl technisch versiert und anpassungsfähig, bringt nicht die gleiche Menge an Erfahrung und Branchenwissen mit.

Die Auswirkungen dieses Fachkräftemangels sind vielfältig. Unternehmen haben Schwierigkeiten, offene Stellen zu besetzen und die Produktivität zu steigern. Dies wird durch die Tatsache verschärft, dass die Wirtschaft weiterwächst und es immer mehr Arbeitsplätze gibt, die besetzt werden müssen.

Die Generationen werden nun nachfolgend kurz vorgestellt und was diese auszeichnet.

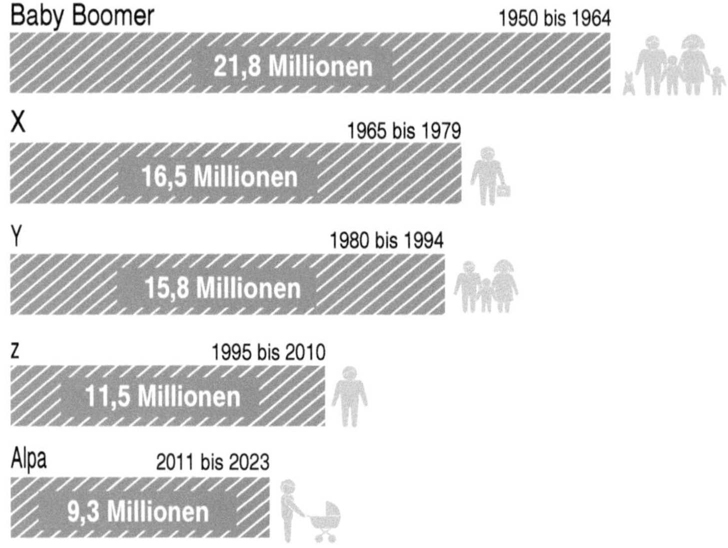

Generation Baby Boomer

Die Generation der Babyboomer, so genannt wegen des signifikanten Anstiegs der Geburtenraten nach dem Ende des Zweiten Weltkriegs, umfasst Menschen, die zwischen 1950 und 1964 geboren wurden. Sie repräsentieren eine erhebliche Bevölkerungsgruppe und hatten einen starken Einfluss auf die Wirtschaft, Kultur und Politik.

Babyboomer wuchsen in einer Zeit des wirtschaftlichen Aufschwungs und des gesellschaftlichen Wandels auf. In ihrer Jugend und in ihren frühen Erwachsenenjahren erlebten sie bedeutende Ereignisse wie den Kalten Krieg, die Bürgerrechtsbewegung, die sexuelle Revolution und den Vietnamkrieg, die ihre Ansichten und Werte prägten.

Im Berufsleben sind Babyboomer bekannt für ihre starke Arbeitsmoral, ihr Engagement und ihre Loyalität gegenüber ihrem Arbeitgeber.

Viele Babyboomer sind bereit, lange Stunden zu arbeiten und persönliche Opfer zu bringen, um ihre Karriere voranzutreiben und ihren Verpflichtungen nachzukommen. Sie tendieren dazu, eine «Live-to-Work»-Mentalität zu haben, im Gegensatz zur «Work-to-Live»-Mentalität, die bei jüngeren Generationen beliebter ist.

Obwohl Babyboomer nicht mit der Technologie aufgewachsen sind, haben sie sich in vielen Fällen angepasst und die Nutzung digitaler Technologien gelernt. Sie verwenden Technologie, haben jedoch oft eine Vorliebe für persönliche Kommunikation und können sich mit der schnellen, ständig verbundenen Kommunikation, die jüngere Generationen bevorzugen, unwohl fühlen.

Babyboomer haben oft einen starken Sinn für Gemeinschaft und Teamarbeit. Sie schätzen persönliche Interaktionen und Beziehungen und legen Wert auf Konsens und Zusammenarbeit. Sie neigen dazu, eine hierarchische Führung zu respektieren und erachten Erfahrung und Langlebigkeit im Beruf oft als Zeichen von Kompetenz und Autorität.

In Bezug auf Verbraucherverhalten haben Babyboomer, die nun in das Rentenalter eintreten oder sich bereits im Ruhestand befinden, oft erhebliche finanzielle Ressourcen und verfügen daher über erhebliche Kaufkraft. Sie legen Wert auf Qualität, Markentreue und persönlichen Service.

Die Herausforderung für Führungskräfte besteht darin, die Stärken und Werte der Babyboomer zu erkennen und effektiv zu nutzen, während sie auch die Bedürfnisse und Erwartungen jüngerer Generationen berücksichtigen.

Generation X

Die Generation X, oft als «Gen X» bezeichnet, umfasst Menschen, die zwischen 1965 und 1979 geboren wurden. Sie stellen eine «Brücke» zwischen den Babyboomern und der Millennials dar und wurden manchmal auch als «vergessene» Generation bezeichnet, weil sie weniger Aufmerksamkeit erhalten haben als die vorhergehende und die nachfolgende Generation.

Die Mitglieder der Generation X wuchsen in einer Zeit großer gesellschaftlicher Veränderungen auf. Viele waren Kinder während der Rezession der 1970er und 1980er Jahre und erlebten den Übergang zu einer stärker globalisierten und digitalisierten Welt. Sie erlebten auch viele politische und gesellschaftliche Umbrüche, einschließlich der Watergate-Affäre, der Aids-Krise und des Falls der Berliner Mauer.

Im Berufsleben sind Mitglieder der Generation X bekannt für ihre Selbstständigkeit, Anpassungsfähigkeit und ihr unternehmerisches Denken. Sie schätzen Flexibilität und Work-Life-Balance und tendieren dazu, eine «Work-to-Live»-Mentalität zu haben, im Gegensatz zu der «Live-to-Work»-Mentalität, die bei vielen Babyboomern häufiger ist. Sie sind oft in der Lage, autonom zu arbeiten und fühlen sich wohl, wenn sie sowohl unabhängig als auch in Teams arbeiten.

Technologisch gesehen sind Mitglieder der Generation X die erste Generation, die mit Computern aufgewachsen ist, und viele haben die rasante Entwicklung der Technologie und des Internets im Laufe ihrer Leben erlebt. Sie sind im Allgemeinen technologisch versiert, aber auch in der Lage, sich von der Technologie zu trennen und nicht-digitale Aktivitäten zu schätzen.

In Bezug auf ihre Einstellungen und Werte sind Mitglieder der Generation X oft pragmatisch und zynisch. Sie sind bekannt für ihre Skepsis gegenüber Autorität und etablierten Institutionen und schätzen Echtheit und Transparenz. Viele sind sozial und umweltbewusst und legen Wert auf Vielfalt und Gleichberechtigung.

Im Verbraucherverhalten schätzen Mitglieder der Generation X Qualität und Wert. Sie sind oft Markenloyal, aber auch bereit, neue Produkte und Dienstleistungen auszuprobieren. Sie verwenden Technologie für den Kauf, schätzen aber auch persönlichen Service und Interaktion.

Für Führungskräfte stellt die Generation X eine wichtige Ressource dar, da sie sowohl Erfahrung als auch Anpassungsfähigkeit in die Arbeitswelt einbringt. Sie sind oft in der Lage, Brücken zwischen älteren und jüngeren Mitarbeitern zu schlagen und können dazu beitragen, den Übergang zu einer stärker digitalisierten und globalisierten Arbeitswelt zu erleichtern.

Generation Y

Die Generation Y, oder Millennials, umfasst Menschen, die zwischen 1980 und 1994 geboren wurden. Diese Generation ist die erste, die im digitalen Zeitalter aufgewachsen ist, und viele ihrer charakteristischen Merkmale und Erfahrungen sind durch den rasanten technologischen Wandel geprägt.

Millennials sind in einer Zeit des globalen Wandels und der Unsicherheit aufgewachsen. Sie erlebten Ereignisse wie 9/11 und die Finanzkrise 2008, die ihre Sicht auf die Welt und ihre Erwartungen an das Arbeitsleben prägten. Diese Ereignisse, kombiniert mit der zunehmenden Verfügbarkeit von Informationen durch das Internet, haben zu einer Generation beigetragen, die soziale Gerechtigkeit und ethische Praktiken sowohl im Privatleben als auch am Arbeitsplatz schätzt.

Im Arbeitsumfeld gelten Millennials oft als ehrgeizig und innovativ. Sie sind technologisch versiert und fühlen sich wohl in einer vernetzten, globalisierten Welt. Sie suchen oft nach sinnvoller Arbeit und legen Wert auf eine gute Work-Life-Balance. Flexibilität, sowohl in Bezug auf Arbeitszeiten als auch auf Arbeitsorte, ist oft wichtig für Millennials.

Millennials haben oft einen starken Gemeinschaftssinn und legen Wert auf Zusammenarbeit und Teamarbeit. Sie schätzen Feedback und Anerkennung und suchen oft nach Möglichkeiten zur Weiterentwicklung und zum Lernen am Arbeitsplatz.

In Bezug auf Verbraucherverhalten bevorzugen Millennials oft Marken, die ihre persönlichen Werte widerspiegeln. Sie legen Wert auf Authentizität, Transparenz und ethische Geschäftspraktiken. Sie nutzen intensiv Technologie und soziale Medien, um Kaufentscheidungen zu treffen, und schätzen personalisierte und bequeme Einkaufserlebnisse.

Für Führungskräfte kann es eine Herausforderung sein, die Bedürfnisse und Erwartungen der Millennials zu erfüllen, insbesondere in Bezug auf Work-Life-Balance, sinnvolle Arbeit und soziale Verantwortung. Allerdings können Millennials auch eine Quelle für Innovation und neue Perspektiven sein und können dazu beitragen, Unternehmen anzupassen und zu wachsen in einer immer vernetzteren und komplexeren Welt.

Generation Z

Die Generation Z, auch bekannt als Gen Z, umfasst Personen, die von etwa 1995 bis 2010 geboren wurden. Diese Generation wächst in einer Zeit auf, in der das Internet und die digitale Technologie allgegenwärtig sind. Sie sind Digital Natives, die in einer Welt aufgewachsen sind, die von Smartphones, Social Media und On-Demand-Streaming geprägt ist.

Mitglieder der Generation Z haben ihre prägenden Jahre in einer Zeit der wirtschaftlichen Unsicherheit und sozialen Veränderungen verbracht. Sie haben Ereignisse wie die globale Rezession 2008 und die COVID-19-Pandemie erlebt und wurden von sozialen Bewegungen wie der Black Lives Matter Bewegung und dem Kampf gegen den Klimawandel geprägt.

Im Arbeitsumfeld gelten Mitglieder der Generation Z als technologisch versiert, selbstbewusst und unabhängig. Sie legen Wert auf Flexibilität, Gleichberechtigung und Chancengleichheit. Gen Z-er sind bestrebt, ihre Karriere voranzutreiben und sind oft daran interessiert, ihre Fähigkeiten zu erweitern und zu lernen. Sie suchen nach Unternehmen, die ihre Werte teilen, insbesondere in Bezug auf soziale Gerechtigkeit und Nachhaltigkeit.

In Bezug auf die Kommunikation bevorzugen Mitglieder der Generation Z oft digitale Plattformen, sind jedoch auch in der Lage, sich in persönlichen Situationen auszudrücken. Sie sind gewohnt, Informationen schnell zu verarbeiten und haben oft eine kurze Aufmerksamkeitsspanne aufgrund der Schnelllebigkeit digitaler Medien.

Im Verbraucherverhalten sind Mitglieder der Generation Z anspruchsvoll und informiert. Sie recherchieren Produkte und Unternehmen intensiv und nutzen soziale Medien und Online-Bewertungen, um Kaufentscheidungen zu treffen. Sie schätzen Authentizität und Marken, die soziale Verantwortung zeigen.

Für Führungskräfte kann die Generation Z eine Herausforderung darstellen, da sie andere Erwartungen und Prioritäten hat als frühere Generationen. Allerdings können sie auch eine Quelle für Innovation und frische Perspektiven sein, da sie mit Technologie aufgewachsen sind und in einer immer vernetzteren und globalisierten Welt zu Hause sind.

Generation Alpha

Die Generation Alpha, oft auch als «Gen Alpha» bezeichnet, ist der Begriff für die Gruppe von Menschen, die ab 2010 geboren wurden und deren Geburten voraussichtlich bis 2025 andauern werden. Diese Generation ist die jüngste und repräsentiert die Kinder der Millennials.

Hier sind einige der Schlüsselmerkmale und Prognosen für die Generation Alpha:

- Digital Natives der nächsten Stufe: Im Gegensatz zur Gen Z, die als die ersten echten «Digital Natives» bezeichnet wurde, sind die Alphas die ersten «Mobile Natives». Sie sind in einer Welt aufgewachsen, die durch Tablets, Smartphones und künstliche Intelligenz geprägt ist und werden wahrscheinlich die technologisch versierteste Generation aller Zeiten sein.

- Erleben globale Krisen in jungen Jahren: Ähnlich wie frühere Generationen erleben die Alphas globale Krisen in ihren prägenden Jahren. Insbesondere die COVID-19-Pandemie und ihre Folgen werden wahrscheinlich einen großen Einfluss auf ihre Sichtweise und Erwartungen an die Welt haben.

- Wahrscheinlich die gebildetste Generation: Aufgrund des Fortschritts in der Bildungstechnologie und der zunehmenden Verfügbarkeit von Informationen wird erwartet, dass die Generation Alpha die gebildetste Generation aller Zeiten sein wird.

- Diversität und Inklusion: Da die Alphas in einer Zeit wachsen, in der Fragen der Diversität und Inklusion immer mehr in den Vordergrund treten, werden sie wahrscheinlich diese Werte stärker verinnerlichen als frühere Generationen.

- Erwartete Auswirkungen auf den Arbeitsplatz: Obwohl die Alphas noch weit davon entfernt sind, den Arbeitsmarkt zu betreten, werden ihre technologischen Fähigkeiten und ihre erwartete hohe Bildung wahrscheinlich erhebliche Auswirkungen auf die Art und Weise haben, wie sie arbeiten und welche Art von Arbeit sie suchen.

Es ist wichtig zu beachten, dass diese Beschreibungen vorläufig sind, da die Mitglieder der Generation Alpha noch sehr jung sind und ihre charakteristischen Merkmale und Präferenzen sich weiterentwickeln und klarer werden, wenn sie älter werden.

In dieser Situation ist es nicht mehr ausreichend, die Dinge so zu tun, wie wir sie immer getan haben. Eine einfache additive Führung, bei der jeder neue Mitarbeitende nur die Produktivität seines Vorgängers ersetzt, reicht nicht aus. Stattdessen brauchen wir einen multiplikativen Ansatz. Wir müssen Wege finden, um jeden Mitarbeitenden dazu zu bringen, mehr zu leisten und mehr Werte zu schaffen. Dies bedeutet, Führungskräfte zu entwickeln, die nicht nur addieren, sondern multiplizieren.

Im nächsten Abschnitt werden wir uns damit beschäftigen, wie wir diesen multiplikativen Führungsstil in unseren Unternehmen umsetzen können. Es geht nicht nur darum, den Fachkräftemangel zu bewältigen, sondern auch darum, die enormen Chancen zu nutzen, die diese neue Generation für unsere Unternehmen bietet.

Von Addition zu Multiplikation: Die Evolution der Führung

In einer Welt, die sich ständig und rasant verändert, ist der herkömmliche additive Ansatz zur Führung nicht mehr ausreichend. Wie wir bereits gesehen haben, reicht es nicht mehr aus, nur «gut genug» zu sein. Mit der Abwanderung von Millionen von Babyboomern in den Ruhestand und dem gleichzeitigen Eintritt einer kleineren, jüngeren und weniger erfahrenen Generation in die Arbeitswelt ist ein einfacher Ersatz, ein «additives Modell», keine Option mehr. Es ist an der Zeit, das Modell der multiplikativen Führung in Betracht zu ziehen.

Die Multiplikationsführung bedeutet nicht nur, dass wir mehr von dem Gleichen tun. Es geht darum, exponentiell mehr zu erreichen - nicht nur in Bezug auf die reine Produktivität, sondern auch hinsichtlich der Innovation, der Mitarbeitendenbindung und der Unternehmenskultur. Es bedeutet, das Potenzial jedes Einzelnen zu multiplizieren und die Leistungsfähigkeit des gesamten Teams zu erhöhen.

Eine multiplikative Führungskraft inspiriert und ermöglicht ihren Teammitgliedern, ihr volles Potenzial auszuschöpfen. Sie baut auf ihren Fähigkeiten auf, motiviert sie zu Höchstleistungen und schafft ein Umfeld, in dem sie gedeihen können. Diese Führungskraft kann einen entscheidenden Unterschied machen, indem sie das Beste aus jedem Einzelnen herausholt und somit die Gesamtleistung des Teams steigert.

In einer Welt, in der wir vor bedeutenden Herausforderungen stehen - vom Fachkräftemangel über die Digitalisierung bis hin zur Notwendigkeit nachhaltiger Geschäftspraktiken - ist es klar, dass wir nicht einfach nur «addieren» können. Wir müssen «multiplizieren».

In der aktuellen Wirtschaftslage stehen deutsche Unternehmen vor zahlreichen Herausforderungen. Hier sind zehn der drängendsten Probleme und wie eine multiplikative Führung dabei helfen kann, diese zu bewältigen:

- Fachkräftemangel: Wie bereits erwähnt, verlieren Unternehmen durch den Ruhestand der Babyboomer erfahrene Mitarbeitende und müssen Lücken mit jüngeren, weniger erfahrenen Arbeitnehmern füllen. Eine gute Führung kann dabei helfen, neue Angestellte schneller einzuarbeiten und zu produktiven Mitgliedern des Teams zu machen.

- Digitalisierung: Die Notwendigkeit, Geschäftsprozesse zu digitalisieren und zu automatisieren, ist eine große Herausforderung. Führungskräfte spielen eine entscheidende Rolle bei der Navigation durch diesen Wandel und bei der Schaffung einer Kultur der digitalen Kompetenz.

- Nachhaltigkeit: Es wird immer wichtiger, Geschäftspraktiken umweltfreundlicher zu gestalten. Führungskräfte müssen den Weg für nachhaltige Praktiken ebnen und ein Bewusstsein für Umweltfragen in der Unternehmenskultur schaffen.

- Internationale Konkurrenz: Globalisierung bedeutet, dass deutsche Unternehmen mit Firmen aus der ganzen Welt konkurrieren. Führungskräfte müssen Strategien entwickeln, um auf dem globalen Markt wettbewerbsfähig zu bleiben.

- Kulturelle Diversität: Mit der zunehmenden Internationalisierung der Arbeitskräfte müssen Führungskräfte in der Lage sein, kulturell diverse Teams zu managen und eine inklusive Arbeitskultur zu fördern.

- Technologische Innovationen: Der rasante technologische Wandel erfordert, dass Unternehmen ständig auf dem neuesten Stand bleiben. Führungskräfte müssen diese Veränderungen verstehen und ihre Teams dazu ermutigen, neue Technologien zu erlernen und anzunehmen.

- Arbeitnehmerzufriedenheit und -bindung: Angesichts des Fachkräftemangels ist es wichtiger denn je, qualifizierte Mitarbeitende zu halten. Gute Führung kann dazu beitragen, eine positive Arbeitsumgebung zu schaffen, in der sich alle wertgeschätzt und engagiert fühlen.

- Agiles Arbeiten: Immer mehr Unternehmen wenden sich agilen Methoden zu, um flexibler und reaktionsschneller zu werden. Führungskräfte müssen diese neuen Arbeitsweisen verstehen und fördern.

- Remote-Arbeit: Durch die COVID-19-Pandemie hat die Remote-Arbeit stark zugenommen. Führungskräfte müssen lernen, wie man Teams effektiv aus der Ferne führt.

- Regulatorische Änderungen: Änderungen in den gesetzlichen Vorschriften können einen erheblichen Einfluss auf Geschäftspraktiken haben. Führungskräfte müssen auf dem Laufenden bleiben und sicherstellen, dass ihr Unternehmen die geltenden Gesetze einhält.

In all diesen Bereichen kann eine multiplikative Führung den Unterschied zwischen dem Erfolg und dem Scheitern eines Unternehmens ausmachen. Es ist daher entscheidend, dass wir die Art und Weise, wie wir führen, neu denken und uns an die Herausforderungen der modernen Arbeitswelt anpassen.

Die Auswirkungen der Pandemie, die Zunahme von Remote-Arbeit und kultureller Vielfalt, technologische Innovationen und regulatorische Änderungen - all diese Herausforderungen erfordern einen neuen Ansatz zur Führung. Eine additive Führung mag uns in der Vergangenheit gut gedient haben, aber um in der Gegenwart und Zukunft erfolgreich zu sein, brauchen wir Führungskräfte, die multiplizieren.

Wenn Unternehmen die Bedeutung und Notwendigkeit multiplikativer Führung nicht erkennen und anwenden, können sie mit einer Reihe von Problemen konfrontiert werden:

- Hohe Mitarbeitendenfluktuation: Wenn Mitarbeitende das Gefühl haben, dass sie nicht wertgeschätzt oder gefördert werden, können sie nach anderen Möglichkeiten suchen. Hohe Fluktuationsraten können kostspielig sein und die Unternehmensleistung beeinträchtigen.

- Innovationseinbußen: In einer schnelllebigen, sich ständig weiterentwickelnden Welt ist Innovation entscheidend für den Geschäftserfolg. Ohne eine multiplikative Führung, die Innovationen fördert, könnten Unternehmen hinter ihrer Konkurrenz zurückbleiben.

- Verlust von Marktanteilen: Wenn ein Unternehmen nicht in der Lage ist, sich schnell anzupassen und zu wachsen, kann es Marktanteile an agilere, innovativere Unternehmen verlieren.

- Kulturelle Probleme: Führungskräfte prägen die Unternehmenskultur. Eine schlechte oder ineffektive Führung kann zu einer Kultur führen, welche die Mitarbeitenden demotiviert und das Unternehmen weniger attraktiv für potenzielle Angestellte macht.

- Geringe Mitarbeitendenzufriedenheit und -engagement: Mitarbeitende, die sich unterwertig oder nicht unterstützt fühlen, neigen dazu, weniger engagiert und produktiv zu sein.

- Schwierigkeiten bei der Anpassung an Veränderungen: Unternehmen, die nicht in der Lage sind, sich schnell an Veränderungen anzupassen - ob technologisch, regulatorisch oder anderweitig - können Schwierigkeiten haben, wettbewerbsfähig zu bleiben.

- Probleme mit der Kundenzufriedenheit: Unzufriedene oder unmotivierte Mitarbeitende können zu einer schlechteren Kundenerfahrung führen, was sich negativ auf den Geschäftserfolg auswirken kann.

Es ist offensichtlich, dass eine mangelhafte oder fehlende multiplikative Führung schwerwiegende Folgen für ein Unternehmen haben kann. Daher ist es von entscheidender Bedeutung, dass Unternehmen diesen

Führungsstil erkennen und fördern, um in der heutigen Geschäftswelt erfolgreich zu sein.

Im folgenden Kapitel werden wir genauer darauf eingehen, wie eine multiplikative Führung aussehen kann und wie wir sie in unseren Unternehmen implementieren können. Denn es ist klar: Um den Generationswechsel erfolgreich zu meistern und den ständig wachsenden Anforderungen unserer Zeit gerecht zu werden, brauchen wir Führungskräfte, die nicht nur addieren, sondern multiplizieren.

DAS WICHTIGSTE IN KÜRZE

In diesem Kapitel beschäftigen wir uns mit der toxischen Wirkung von subtrahierenden Führungskräften und wie sie das Arbeitsumfeld und die Leistung der Mitarbeitenden negativ beeinflussen können. Solche Führungskräfte mindern die Produktivität und Motivation ihrer Teams durch unklare Anweisungen, mangelnde Kommunikation, Angst und Einschüchterung.

Wir beleuchten die verschiedenen Verhaltensweisen von subtrahierenden Führungskräften, wie das Zurückhalten von Informationen, das Ignorieren der Meinungen und Vorschläge ihrer Teammitglieder und das Verschieben der Verantwortung für Misserfolge auf andere. Solche Verhaltensweisen führen zu einer schlechten Arbeitsatmosphäre und können langfristig das Überleben eines Unternehmens gefährden.

Im Gegensatz dazu zeigen wir auch auf, wie gute Führungskräfte Wert schaffen können. Diese addierenden Führungskräfte kommunizieren klar und effektiv, bieten konstruktives Feedback, unterstützen die berufliche Entwicklung ihrer Mitarbeitenden und fördern Innovation und Kreativität. Sie schaffen eine positive Arbeitsatmosphäre, in der sich die Angestellten geschätzt und motiviert fühlen.

Der Zweck dieses Kapitels ist es, Ihnen bewusst zu machen, wie wichtig die Rolle der Führungskräfte für das Wohlbefinden der Mitarbeitenden und den Erfolg des Unternehmens ist. Als Leser werden Sie ermutigt, die Führungsqualitäten in Ihrem eigenen Umfeld zu reflektieren und Möglichkeiten zu erkennen, wie Sie als Führungskraft Wert schaffen können, indem Sie eine positive und unterstützende Arbeitskultur fördern.

Der demografische Wandel mit dem massiven Ausscheiden der Babyboomer und dem Eintritt der Generation Z in den Arbeitsmarkt führt zu einem Fachkräftemangel. Unternehmen müssen sich neuen Herausforderungen stellen und den herkömmlichen, additiven Führungsansatz hinterfragen. Anstatt nur zu ersetzen, müssen Führungskräfte nun multiplizieren, indem sie das Potenzial jedes Mitarbeitenden nutzen und die Leistungsfähigkeit des gesamten Teams steigern.

Die Generationen Baby Boomer, X, Y, Z und Alpha haben jeweils unterschiedliche Merkmale und Erwartungen an das Arbeitsleben. Führungskräfte müssen diese diversen Ansichten verstehen und eine inklusive Arbeitskultur schaffen.

Eine multiplikative Führung kann Unternehmen dabei unterstützen, mit den Herausforderungen der modernen Arbeitswelt umzugehen, darunter der Fachkräftemangel, die Digitalisierung, Nachhaltigkeit, internationale Konkurrenz, kulturelle Diversität, technologische Innovationen, Arbeitnehmerzufriedenheit, agile Arbeitsweisen, Remote-Arbeit und regulatorische Änderungen. Unternehmen, die keine multiplikative Führung anwenden, könnten mit hoher Mitarbeitendenfluktuation, Innovationseinbußen, Verlust von Marktanteilen, kulturellen Problemen, geringer Mitarbeitendenzufriedenheit und -engagement sowie Schwierigkeiten bei der Anpassung an Veränderungen konfrontiert sein.

Es ist entscheidend, dass Unternehmen den Wert multiplikativer Führung erkennen und fördern, um den Generationswechsel erfolgreich zu meistern und den ständig wachsenden Anforderungen gerecht zu werden. Im nächsten Kapitel wird genauer darauf eingegangen, wie eine multiplikative Führung aussehen kann und wie sie in Unternehmen implementiert werden kann, um den Erfolg in der heutigen Geschäftswelt zu sichern.

Die Multiplikator Methode: Erfolgreiches Führen für außergewöhnliche Ergebnisse

In diesem Kapitel tauchen wir in die faszinierende Welt der Multiplikator Methode ein - eine innovative Herangehensweise an die Führung von Teams und Unternehmen, die außergewöhnliche Ergebnisse ermöglicht. Entdecken Sie, warum eine gewöhnliche Art der Führung nicht mehr ausreicht und wie Sie als Multiplikator das volle Potenzial Ihres Teams und Ihrer Organisation entfesseln können.

Die Grundidee der Multiplikator Methode

Die Multiplikator Methode beruht auf einer einfachen, aber kraftvollen Idee: Eine gute Führungskraft kann nicht nur «addieren», indem sie solide Führungspraktiken anwendet. Sie kann «multiplizieren», indem sie das individuelle Potenzial jedes Teammitglieds freisetzt und dadurch eine synergetische Dynamik erzeugt. Als Multiplikator ist es Ihre Aufgabe, Ihr Team zu inspirieren, zu motivieren und zu befähigen, um außergewöhnliche Leistungen zu erzielen.

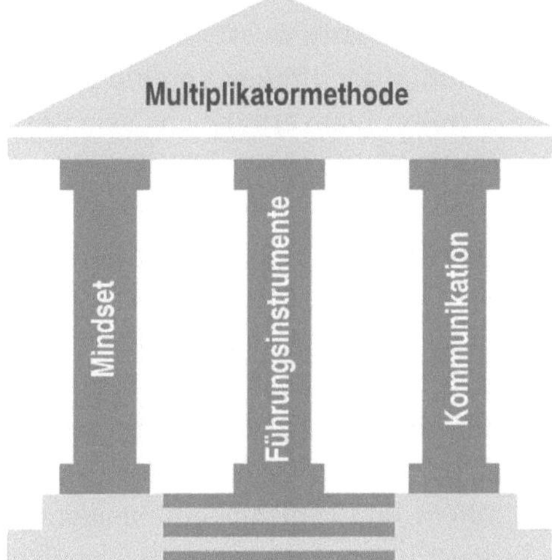

Die drei Säulen der Multiplikator Methode

Mindset: Der Schlüssel zum Erfolg
Ein entscheidender Faktor, der einen Multiplikator von anderen Führungskräften unterscheidet, ist das richtige Mindset. Als Multiplikator glauben Sie fest daran, dass jedes Teammitglied einzigartige Stärken und Talente hat. Sie erkennen das Potenzial Ihrer Mitarbeitenden und sind davon überzeugt, dass sie in der Lage sind, großartige Ergebnisse zu erzielen. Ihr optimistisches und ermutigendes Mindset schafft eine inspirierende Atmosphäre, in der Kreativität und Innovation gedeihen können.

Führungsinstrumente: Das Werkzeug für Spitzenleistung
Ein Multiplikator verfügt über ein vielfältiges Toolkit an Führungsinstrumenten, um das Potenzial seines Teams auszuschöpfen. Dazu gehört effektives Coaching, um individuelle Stärken zu fördern und Entwicklungsmöglichkeiten zu schaffen. Die Delegation von Verantwortung stärkt die Eigenverantwortung und das Selbstbewusstsein der Teammitglieder. Sie fördern eine Kultur der offenen Kommunikation und des Vertrauens, die es Ihrem Team ermöglicht, sein Bestes zu geben.

Kommunikation: Der Schlüssel zur Zusammenarbeit

Eine klare und effektive Kommunikation ist unerlässlich für einen Multiplikator. Du sorgst dafür, dass Ziele und Erwartungen transparent und verständlich sind. Du gibst regelmäßig konstruktives Feedback, um die Entwicklung Ihrer Mitarbeitenden zu unterstützen. Offene und ehrliche Kommunikation schafft eine Umgebung, in der sich Mitarbeitende wertgeschätzt und gehört fühlen.

- Der Nutzen der Multiplikator Methode

Die Multiplikator Methode bietet zahlreiche Vorteile für Sie als Führungskraft und für Ihr Unternehmen:

- Steigerung der Leistungsfähigkeit: Indem Sie das volle Potenzial jedes einzelnen entfesseln, erreichen Sie eine gesteigerte Leistungsfähigkeit des gesamten Teams. Motivierte und engagierte Mitarbeitende bringen ihre besten Ideen ein und erzielen außergewöhnliche Ergebnisse.

- Förderung von Innovation und Kreativität: Die Multiplikator Methode schafft eine Kultur der Offenheit und Innovation. Sie ermutigen Ihre Mitarbeitende, neue Ideen zu entwickeln und unterstützen sie bei deren Umsetzung.

- Mitarbeitendenbindung und -entwicklung: Mitarbeitende, die sich wertgeschätzt und gefördert fühlen, bleiben dem Unternehmen treu und entwickeln sich kontinuierlich weiter. Die Multiplikator Methode fördert die Mitarbeitendenbindung und stärkt die individuelle Entwicklung.

- Stärkung der Teamdynamik: Als Multiplikator betonen Sie die Stärken jedes einzelnen und fördern die Zusammenarbeit im Team. Dadurch entsteht eine positive Teamdynamik, welche die gemeinsame Leistungsfähigkeit steigert.

Das Mindset einer erfolgreichen Führungskraft: Die Grundlage für Exzellenz

In der Welt der Unternehmensführung spielt das richtige Mindset eine entscheidende Rolle für den Erfolg einer Führungskraft. Das Mindset umfasst die Einstellungen, Überzeugungen und Denkweisen, die eine Person hat und die ihr Verhalten, ihre Entscheidungen und ihre Reaktionen beeinflussen. Es ist die innere Haltung, die den Unterschied zwischen einer guten und einer herausragenden Führungskraft ausmacht.

Die Bedeutung des Mindsets in der Führungsrolle

Das Mindset einer Führungskraft hat direkten Einfluss auf das Verhalten gegenüber Mitarbeitenden, Kunden und anderen Interessengruppen. Es beeinflusst die Art und Weise, wie Herausforderungen angegangen werden und wie Chancen erkannt und genutzt werden. Ein positives und zielgerichtetes Mindset kann eine Führungskraft dazu befähigen, das volle Potenzial ihres Teams auszuschöpfen und ihre Ziele effektiv zu erreichen.

Das richtige Mindset für Multiplikator-Führung

Für eine Multiplikator-Führungskraft, die außergewöhnliche Ergebnisse erzielen möchte, ist das richtige Mindset unerlässlich. Es geht darum, das Denken in begrenzten Dimensionen zu verlassen und eine Vision für Wachstum und Entwicklung zu entwickeln. Eine Multiplikator-Führungskraft glaubt an das Potenzial der Mitarbeitenden und setzt alles daran, dieses Potenzial freizusetzen.

Die Kraft des positiven Denkens

Ein positiver Ansatz zum Führen kann einen erheblichen Unterschied machen. Positive Führungskräfte haben die Fähigkeit, ihre Teams zu motivieren, zu inspirieren und zu ermutigen, auch in schwierigen Zeiten voranzukommen. Sie sehen Herausforderungen als Chancen und finden Lösungen, anstatt sich von Problemen überwältigen zu lassen.

Überwindung von Hindernissen durch das richtige Mindset

Jede Führungskraft wird auf ihrem Weg Hindernisse und Rückschläge erfahren. Das richtige Mindset ermöglicht es einer Führungskraft, sich von Misserfolgen nicht entmutigen zu lassen, sondern sie als Lerngelegenheit zu betrachten. Es eröffnet den Blick für neue Möglichkeiten und alternative Wege zum Erfolg.

Ein Mindset der Kontinuität und Anpassungsfähigkeit

Eine erfolgreiche Führungskraft versteht, dass Veränderung unausweichlich ist. Ein flexibles und anpassungsfähiges Mindset ermöglicht es ihr, sich den Herausforderungen einer sich ständig wandelnden

Geschäftswelt anzupassen und ihre Strategien und Ziele entsprechend anzupassen.

Einbindung des Teams durch ein empathisches Mindset
Empathie ist eine Schlüsselkomponente eines erfolgreichen Mindsets. Eine Führungskraft, die in der Lage ist, sich in die Lage ihrer Mitarbeitenden zu versetzen und ihre Bedürfnisse und Sorgen zu verstehen, wird in der Lage sein, ein engagiertes und produktives Team aufzubauen.

Den Fokus auf Lösungen legen
Eine erfolgreiche Führungskraft konzentriert sich nicht nur auf Probleme, sondern sucht aktiv nach Lösungen. Das richtige Mindset ermöglicht es ihr, kreative und innovative Lösungsansätze zu entwickeln und ihre Teams in diese Prozesse einzubeziehen.

Ein Wachstums-Mindset entwickeln
Eine Führungskraft mit einem Wachstums-Mindset glaubt daran, dass ihre Fähigkeiten und die ihres Teams weiterentwickelt werden können. Diese positive Grundhaltung fördert eine Kultur des Lernens und der ständigen Verbesserung.

Einfluss auf die Unternehmenskultur
Das Mindset einer Führungskraft wirkt sich auf die gesamte Unternehmenskultur aus. Eine Führungskraft, die ein positives, lösungsorientiertes und teamorientiertes Mindset verkörpert, wird diese Werte auch in ihrem Team und in der Organisation als Ganzes fördern.

Der Weg zur Exzellenz
Das richtige Mindset ist der erste Schritt auf dem Weg zur Exzellenz als Führungskraft. Es ermöglicht es einer Führungskraft, ihre Stärken zu nutzen, Herausforderungen zu überwinden und ihre Vision in die Realität umzusetzen. Ein starkes und proaktives Mindset bildet die Grundlage für eine außergewöhnliche Führung und den Erfolg einer Führungskraft.

Das richtige Mindset ist entscheidend, wenn es um das Thema Führung geht. Es bildet das Fundament, auf dem alle anderen Fähigkeiten und Techniken aufbauen. Ein starkes und positives Mindset ermöglicht es Führungskräften, sich den Herausforderungen der Führungsrolle zu stellen und ihr volles Potenzial auszuschöpfen. Welche Elemente sind notwendig für ein multiplikatives Mindset:Selbstbewusstsein: Eine positive Einstellung sich selbst gegenüber ist essenziell, um als Führungskraft erfolgreich zu sein. Selbstbewusste Führungskräfte sind in der Lage, klare Entscheidungen zu treffen und auch in schwierigen Situationen standhaft zu bleiben.

- Lernbereitschaft: Ein offenes Mindset, das bereit ist zu lernen und sich weiterzuentwickeln, ist unerlässlich. Die Führungswelt verändert sich ständig, und erfolgreiche Führungskräfte sind bestrebt, sich mit neuen Führungsinstrumenten und -techniken vertraut zu machen.

- Lösungsorientierung: Eine positive Einstellung zur Problemlösung ist unerlässlich. Statt sich von Herausforderungen überwältigen zu lassen, sehen erfolgreiche Führungskräfte diese als Gelegenheit, kreative Lösungen zu finden und das Team voranzubringen.

- Empathie: Eine mitfühlende und einfühlsame Einstellung gegenüber den Mitarbeitenden ermöglicht es Führungskräften, ein starkes Teamgefühl zu fördern und ein unterstützendes Arbeitsumfeld zu schaffen.

- Wachstumsdenken: Die Überzeugung, dass Fähigkeiten und Intelligenz entwickelt werden können, ist ein wichtiger Aspekt eines positiven Mindsets. Führungskräfte mit einem Wachstumsdenken sind bereit, Herausforderungen anzunehmen und aus Fehlern zu lernen.

- Vertrauen: Ein Mindset, das Vertrauen in sich selbst und andere setzt, ermöglicht es Führungskräften, ihre Teams zu motivieren und zu inspirieren. Vertrauen schafft eine positive Arbeitsatmosphäre und fördert die Zusammenarbeit.

- Resilienz: Eine positive Einstellung gegenüber Rückschlägen und die Fähigkeit, sich von Misserfolgen zu erholen, sind essenziell. Resiliente Führungskräfte lassen sich nicht leicht entmutigen und bleiben auch in schwierigen Zeiten fokussiert.

- Vision: Ein positives Mindset hilft Führungskräften dabei, eine klare Vision für das Unternehmen und das Team zu entwickeln. Sie haben ein Ziel vor Augen und sind entschlossen, dieses zu erreichen.

- Motivation: Eine positive Einstellung ermöglicht es Führungskräften, sich und ihr Team zu motivieren. Sie strahlen Enthusiasmus und Leidenschaft aus, was sich positiv auf die Arbeitsmoral und -leistung auswirkt.

- Dankbarkeit: Ein dankbares Mindset erinnert Führungskräfte daran, die Leistungen ihres Teams anzuerkennen und zu schätzen. Es fördert eine Kultur der Anerkennung und stärkt das Teamgefühl.

Das richtige Mindset bildet das Rückgrat für eine erfolgreiche Führungskraft. Es beeinflusst, wie Führungskräfte Herausforderungen angehen, mit ihren Mitarbeitenden interagieren und ihr Team zu Höchstleistungen motivieren. Mit einem positiven und konstruktiven Mindset können Führungskräfte ihr volles Potenzial entfalten und außergewöhnliche Ergebnisse erzielen.

In diesem Kapitel haben wir die Bedeutung des richtigen Mindsets für eine erfolgreiche Führungskraft herausgestellt. Ein Mindset, welches positiv, zielgerichtet und flexibel ist, ermöglicht es einer Führungskraft, ihre Teams zu inspirieren, Hindernisse zu überwinden und Exzellenz zu erreichen. Das nächste Kapitel wird sich darauf konzentrieren, welche konkreten Führungsinstrumente eine Multiplikator-Führungskraft beherrschen sollte, um herausragende Ergebnisse zu erzielen.

Führungsinstrumente für Multiplikator-Führungskräfte

Eine Multiplikator-Führungskraft zu sein bedeutet, die Kunst zu beherrschen, nicht nur gute Leistungen zu erbringen, sondern auch das Potenzial der eigenen Mitarbeitenden und Teams zu multiplizieren. Neben dem richtigen Mindset ist es entscheidend, die geeigneten Führungsinstrumente zu kennen und einzusetzen, um Exzellenz in der Mitarbeiterführung zu erreichen. In diesem Kapitel werden wir uns mit den zentralen Führungsinstrumenten befassen, die Multiplikator-Führungskräfte auszeichnen und zu außergewöhnlichen Ergebnissen führen.

- Zielorientierte Kommunikation: Multiplikator-Führungskräfte wissen, wie sie klare und inspirierende Ziele setzen und diese effektiv an ihre Teams kommunizieren. Durch eine zielorientierte Kommunikation schaffen sie Klarheit und Motivation, um das Engagement und die Leistung der Mitarbeitenden zu steigern.

- Feedback und Anerkennung: Das Geben von konstruktivem Feedback und ehrlicher Anerkennung ist eine entscheidende Führungsfähigkeit. Multiplikator-Führungskräfte verstehen die Bedeutung regelmäßiger Rückmeldungen und nutzen sie, um das Wachstum und die Entwicklung ihrer Mitarbeitenden zu fördern.

- Delegieren: Multiplikator-Führungskräfte erkennen, dass sie nicht alles selbst erledigen können und sind bereit, Verantwortung zu delegieren. Indem sie ihren Mitarbeitenden vertrauen und ihnen Verantwortung übertragen, ermöglichen sie es ihnen, ihre Fähigkeiten zu erweitern und ihre Beiträge zu maximieren.

- Coaching und Mentoring: Sie investieren Zeit und Energie in das Coaching und Mentoring ihrer Mitarbeitenden. Indem sie ihre individuellen Stärken und Entwicklungsbereiche erkennen, helfen sie ihnen, ihr volles Potenzial auszuschöpfen und sich kontinuierlich zu verbessern.

- Förderung von Teamarbeit: Multiplikator-Führungskräfte fördern eine Kultur der Teamarbeit und Zusammenarbeit. Sie schaffen ein Umfeld, in dem die Mitglieder des Teams sich gegenseitig unterstützen, Ideen teilen und gemeinsam an Lösungen arbeiten.

- Konfliktmanagement: Konflikte am Arbeitsplatz sind unvermeidlich, aber Multiplikator-Führungskräfte wissen, wie sie diese effektiv und konstruktiv lösen. Sie fördern offene Kommunikation und eine respektvolle Konfliktkultur, um die Produktivität und das Arbeitsklima positiv zu beeinflussen.

- Entscheidungsfindung: Multiplikator-Führungskräfte treffen fundierte und wohlüberlegte Entscheidungen. Sie berücksichtigen verschiedene Perspektiven und ermöglichen es ihren Teams, an Entscheidungsprozessen teilzunehmen, um ein Gefühl der Mitwirkung zu schaffen.

- Persönliches Vorbild: Sie sind ein Vorbild für ihre Mitarbeitenden und leben die Werte und Verhaltensweisen vor, die sie von ihrem Team erwarten. Authentizität und Integrität prägen ihre Führung.

- Kontinuierliche Weiterbildung: Multiplikator-Führungskräfte sind bestrebt, sich selbst und ihre Fähigkeiten ständig weiterzuentwickeln. Sie nehmen aktiv an Schulungen und Weiterbildungen teil, um ihre Führungskompetenzen zu verbessern.

- Visionäre Führung: Sie haben eine klare Vision für das Unternehmen und teilen diese mit ihren Mitarbeitenden. Indem sie eine inspirierende Vision kommunizieren, motivieren sie ihr Team, gemeinsam Großes zu erreichen.

Um multiplizierend zu führen ist es wichtig, einen exzellenten Führungsprozess zu leben. Dafür sollten wir uns ernsthaft mit dem Thema Zielsetzung auseinandersetzen. Der erste Schritt besteht darin, SMART-Ziele für uns selbst zu setzen. Der zweite Schritt beinhaltet die klare Kommunikation dieser Ziele an unsere Mitarbeitenden und die vollständige Übertragung der Aufgaben an sie. Allerdings gibt es einen dritten Schritt, der zwar zeitraubend, aber von entscheidender Bedeutung ist: die Sicherstellung, dass die Ziele auch erreicht werden. Hier kommen Kontrolle und Feedback ins Spiel.

Der Führungsprozess umfasst somit das Setzen von Zielen, die Übertragung von Aufgaben und die Sicherstellung der Zielerreichung. Im besten Fall werden die Ziele erreicht, und wir können uns neuen Herausforderungen zuwenden, indem wir neue Ziele und Aufgaben verteilen. Im schlechtesten Fall müssen wir herausfinden, wie wir die restlichen Teile der Ziele erreichen können. Dies erfordert die Festlegung neuer Ziele und die Verteilung neuer Aufgaben, um die Zielerreichung sicherzustellen. Falls keine Fortschritte erzielt werden, müssen wir erneut überlegen und handeln.

Dieser Dreiklang - Ziele setzen, Aufgaben übertragen, Ziele sicherstellen, erneut Ziele setzen, Aufgaben übertragen, Ziele sicherstellen und so weiter - prägt unseren Alltag als Vorgesetzte. Es mag zeitaufwendig sein, aber stellen Sie sich ein großes Orchester vor, dessen Dirigent während des Spiels kein Instrument spielt. Warum nicht? Weil sonst keine klare Führung und Harmonie herrschen würde.

Genau wie der Dirigent die Aufgabe hat, dafür zu sorgen, dass das Orchester harmonisch zusammenspielt, trägt eine Führungskraft die Verantwortung, die Position des Dirigenten einzunehmen und sicherzustellen, dass alle Mitarbeitenden wunderbar zusammenarbeiten. Dies erfordert eine ständige Überprüfung, das Setzen neuer Ziele, die Überprüfung von Aufgaben und die erneute Bewertung der Zielerreichung. So gestalten wir einen einfachen, aber effektiven Führungsprozess, indem wir uns kontinuierlich selbst evaluieren. Durch das Setzen messbarer, realistischer

Ziele können Sie feststellen, ob Sie als Führungskraft, Ihr Team oder Ihre Mitarbeitenden die Ziele erreicht haben. Aus diesen Erfahrungen lernen wir, entwickeln uns weiter und starten immer wieder neu durch. So einfach kann Führung sein.

Effiziente Delegation für erfolgreiche Ergebnisse

Eine schlecht delegierte Aufgabe führt zwangsläufig zu mangelhaften Ergebnissen. Deshalb ist eine effektive Delegation von großer Bedeutung, um zum Erfolg beizutragen. Besonders in der heutigen Zeit, in der Aufmerksamkeitsspannen immer kürzer werden, müssen wir als Führungskräfte dafür sorgen, dass unsere Botschaften klar und präzise vermittelt werden.

Stellen Sie sich vor, Sie schauen einen Film aus den Achtzigerjahren und bemerken, wie Handlungsstränge über Minuten hinweg ausgedehnt werden. Ein Beispiel könnte ein Bud-Spencer-Film oder ein Terence-Hill-Film sein, in dem Terence Hill minutenlang aus einer Pfanne Bohnen isst. Doch in der heutigen Zeit würden junge Mitarbeitende schon nach wenigen Sekunden unruhig werden und die Aufmerksamkeit verlieren.

Um also eine Aufgabe erfolgreich zu delegieren, müssen wir die Aufmerksamkeit unseres Gegenübers gezielt erzeugen. Besonders bei der jüngeren Generation ist dies entscheidend. Erst wenn der Mitarbeitende aufmerksam ist, können wir die Aufgabe übertragen und direkt auf das Ziel hinarbeiten. Dabei ist es essenziell, klare und SMARTe Ziele zu kommunizieren. Zum Beispiel könnten wir einem Mitarbeitenden im Handel sagen: «Heute ist deine Aufgabe, die neue Oster-Aktion für einen Schokoladenhersteller aufzubauen. Du solltest den Aufbau bis heute Mittag um 14:00 Uhr vollständig erledigt haben und alle Artikel entsprechend auszeichnen und vorbereiten.»

Indem wir eine klare Zielvorgabe machen und die Aufmerksamkeit des Mitarbeitenden gewinnen, stellen wir sicher, dass die Delegation erfolgreich ist und die Aufgabe reibungslos erfüllt wird. Auf diese Weise tragen wir als Führungskräfte maßgeblich zum Erfolg unseres Teams und unseres Unternehmens bei.

Die Zielerreichung sicherstellen: Mitarbeitende einbinden und motivieren

Um sicherzustellen, dass unsere Mitarbeitende motiviert sind, müssen wir ihnen erklären, warum ihre Aufgaben von Bedeutung sind. Es ist wichtig, dass sie den Sinn und den Nutzen ihrer Tätigkeiten erkennen, sei es für sie persönlich, das Unternehmen oder den Kunden. Statt sie nur als Erfüllungsgehilfen zu behandeln, sollten wir sie dazu ermutigen, mitzudenken. Indem wir sie aktiv einbinden und nach ihren Ideen fragen, wie sie ihre Ziele erreichen können, fördern wir ihre Selbstständigkeit und Eigenverantwortung.

Folgende Fragen können wir dabei stellen:

«Was könntest du tun?»

«Wie gehst du vor?»

«Wie machst du das?»

Nachdem wir diese Fragen gestellt haben, schweigen wir als Führungskraft bewusst. Dies kann für manche von uns schwierig sein, da wir oft über umfangreiche Erfahrung verfügen und die Lösung bereits kennen. Doch es ist wichtig, dem Mitarbeitenden Raum zum Denken und Mitreden zu geben, um seine Eigeninitiative zu fördern.

Wenn wir Mitarbeitende nicht frühzeitig zum Mitdenken ermutigen, kann es passieren, dass sie sich abgeschaltet fühlen und nur noch das tun, was wir ihnen sagen. Dies kann zu Frustration führen, insbesondere wenn wir viele Mitarbeitende haben, die ständige Anleitung benötigen und wenig Selbstständigkeit zeigen.

Sobald der Mitarbeitende seine Ideen präsentiert hat, besprechen wir sie gemeinsam und lassen ihn diese eigenständig umsetzen. Ein verbindlicher Abschluss ist dabei essenziell, um klar festzulegen, wer was bis wann erledigt.

Es ist nicht ungewöhnlich, dass Mitarbeitende ohne klare Absprachen nicht mit der Umsetzung beginnen. Um dem vorzubeugen, können wir einem Handelsmitarbeiter, der beispielsweise eine Oster-Aktion aufbauen soll, klare Anweisungen geben, wie den Stand bis 14:00 Uhr fertig aufzubauen. Nach der Umsetzung erfolgt ein gemeinsamer Feedback-Termin, bei dem wir die Arbeit besprechen und erneut Feedback geben.

Durch diese Vorgehensweise motivieren wir unsere Mitarbeitende, fördern ihre Selbstständigkeit und stellen sicher, dass die gesteckten Ziele effektiv erreicht werden.

Führungsinstrumente und Management by Objective
Statt zu fragen, welche einzelnen Führungsinstrumente man verwenden soll, lohnt es sich zu überlegen, wie man diese Instrumente miteinander verbinden kann, da viele von ihnen vielfältig einsetzbar sind.

Unter den verschiedenen Führungsstilen gibt es die autoritäre Führung, bei der der Vorgesetzte die Entscheidungen trifft und alles vorgibt. Auf der anderen Seite steht die kooperative Führung, bei der die Kommunikation und die Umsetzung der Arbeit gemeinsam mit dem Mitarbeitenden gestaltet werden. Schließlich gibt es noch die Laissez-faire-Führung, die dem Mitarbeitenden viel Freiraum gewährt.

Für einen strategischen und praxisorientierten Ansatz im Buch bedeutet das, dass man genauer hinschaut. Unabhängig vom Führungsstil sollte das Ziel sein, dass der Mitarbeitende die Arbeit ausführt. Doch wie erfährt dieser, was zu tun ist und wie das Ziel erreicht werden kann?
Hierfür wären folgende fünf Beispiele anwendbar:

1. **Direktiver Führungsstil:** Bei dieser Form gibt der Vorgesetzte dem Mitarbeitenden das smarte Ziel vor und gibt ihm zusätzlich Ideen, wie er es umsetzen kann. Dieser Stil ist besonders geeignet, wenn der Mitarbeitende wenig Erfahrung hat und klare Vorgaben benötigt.

2. **Ausbildender Führungsstil:** Hier wird das Ziel vorgegeben, aber der Mitarbeitende wird bei der Ideenfindung einbezogen. Gemeinsam überlegen sie, wie das Ziel erreicht werden kann, und der Mitarbeitende setzt es dann eigenständig um.

3. **Delegativer Führungsstil:** Der Vorgesetzte delegiert das Ziel vollständig an den Mitarbeitenden und überlässt ihm die gesamte Umsetzung. Dieser Ansatz ist geeignet, wenn es verschiedene Wege gibt, um das Ziel zu erreichen.

4. **Kooperativer Führungsstil:** Beim kooperativen Führungsstil gestaltet der Mitarbeitende die Ziele mit. Er setzt sich selbst smarte Ziele und bringt seine Ideen und Impulse ein. Gemeinsam einigen sich Vorgesetzter und Mitarbeitende auf ein Ziel, das der Mitarbeitende eigenständig umsetzt. Dieser Ansatz funktioniert gut mit leistungsorientierten und erfahrenen Angestellten, die eine hohe Eigenverantwortung haben.

5. **Selbstgesteckte Ziele:** In dieser anspruchsvollen Variante kommen die Ziele zu 100 % vom Mitarbeitenden selbst. Er setzt sich die Ziele und überlegt, wie er sie erreichen möchte. Dieser Ansatz erfordert ein hohes Maß an Selbstverantwortung und Selbstmotivation.

Die Wahl des Führungsstils hängt von der Situation, den Mitarbeitern und den Zielen ab. Es ist entscheidend, den richtigen Ansatz für die individuelle Situation zu finden, um die Effektivität und Produktivität zu steigern.

Die Führungsinstrumente für Multiplikator-Führungskräfte sind vielfältig und erfordern Feingefühl und Praxis. Indem sie diese Instrumente gezielt einsetzen, können Führungskräfte das Potenzial ihrer Mitarbeitenden multiplizieren und eine nachhaltig erfolgreiche Organisation aufbauen. In den folgenden Abschnitten werden wir uns detailliert mit jedem dieser Führungsinstrumente befassen und konkrete Tipps und Hilfestellungen geben, wie sie effektiv angewendet werden können.

Kommunikation als Produktivitätsmotor

In einer Welt, die von schnellem Wandel und hoher Komplexität geprägt ist, ist effektive Kommunikation zu einem entscheidenden Faktor für den Erfolg von Unternehmen und Führungskräften geworden. Eine klare und offene Kommunikation ist nicht nur ein Mittel, um Missverständnisse zu vermeiden, sondern auch ein leistungsstarker Motor für Produktivität und Effizienz.

Kommunikation fördert das Verständnis: Kommunikation ist der Schlüssel, um sicherzustellen, dass alle Mitarbeitenden die Unternehmensziele, Aufgaben und Erwartungen vollständig verstehen. Durch klare und offene Kommunikation werden Missverständnisse und Fehlinterpretationen minimiert, was zu einer reibungsloseren Zusammenarbeit und einer effizienteren Aufgabenerfüllung führt.

Transparenz schafft Vertrauen: Eine transparente Kommunikation schafft ein Umfeld des Vertrauens und der Offenheit. Führungskräfte, die ihre Entscheidungsprozesse und Beweggründe klar kommunizieren, bauen Vertrauen bei ihren Mitarbeitenden auf. Dadurch fühlen sie sich eingebunden und geschätzt, was ihre Motivation und Leistungsbereitschaft steigert.

Feedback fördert kontinuierliche Verbesserung: Kommunikation ermöglicht regelmäßiges Feedback, sowohl von der Führungskraft an die Mitarbeitenden als auch umgekehrt. Dieses Feedback ist essenziell für die kontinuierliche Verbesserung von Prozessen, Produkten und der individuellen Leistung jedes Mitarbeitenden. Eine Feedback-Kultur stärkt das Engagement und die Innovationskraft im Unternehmen.

Klare Ziele und Prioritäten: Kommunikation hilft dabei, klare Ziele und Prioritäten zu setzen. Wenn alle Mitarbeitende die gemeinsamen Ziele verstehen und sich darauf fokussieren, wird die Produktivität gesteigert. Eine klare Kommunikation der Prioritäten verhindert zudem, dass Ressourcen verschwendet werden, und ermöglicht ein effektives Ressourcenmanagement.

Konfliktlösung und Teamarbeit: Konflikte sind in jeder Organisation unvermeidbar. Durch eine offene Kommunikation können Konflikte frühzeitig erkannt und konstruktiv gelöst werden. Zudem fördert gute Kommunikation ein positives Arbeitsklima, in dem Teamarbeit und Kooperation gefördert werden, was zu einer gesteigerten Produktivität beiträgt.

Kommunikation als Motivationsinstrument: Eine gute Kommunikation kann Mitarbeitende motivieren und inspirieren. Lob, Anerkennung und Wertschätzung sind mächtige Motivatoren. Indem Führungskräfte ihre Anerkennung verbal ausdrücken und den Beitrag ihrer Mitarbeitenden würdigen, steigern sie die Motivation und das Engagement des Teams.

Effiziente Meetings und Entscheidungen: Kommunikation ist der Schlüssel zu effizienten Meetings und Entscheidungsfindungen. Gut vorbereitete und moderierte Meetings fördern den Informationsaustausch und die Entscheidungsfindung, was zu schnelleren und besser informierten Entscheidungen führt.

Kommunikation in Zeiten der Veränderung: In einer sich ständig verändernden Geschäftswelt ist Kommunikation ein entscheidender Faktor für erfolgreiche Veränderungsprozesse. Klare und einfühlsame Kommunikation kann Ängste und Widerstände abbauen und Mitarbeitenden auf dem Weg des Wandels mitnehmen.

Erfolgreiche Kundenkommunikation: Exzellente Kommunikation mit Kunden ist für den Erfolg eines Unternehmens unerlässlich. Eine klare und effektive Kundenkommunikation fördert Kundenzufriedenheit, Loyalität und den Aufbau langfristiger Kundenbeziehungen.

Kommunikation und Innovation: Kommunikation spielt auch eine entscheidende Rolle bei der Förderung von Innovation. Offene Kommunikation fördert den Austausch von Ideen und ermöglicht kreatives Denken, was zu innovativen Produkten und Dienstleistungen führt.

Insgesamt ist Kommunikation nicht nur ein Mittel, um Informationen auszutauschen, sondern ein kraftvolles Instrument, um die Produktivität und den Erfolg einer Führungskraft und des gesamten Unternehmens zu steigern. Eine erfolgreiche Multiplikator-Führungskraft nutzt die Macht der Kommunikation, um ihre Vision zu vermitteln, ihre Mitarbeiter zu inspirieren und das volle Potenzial des Teams zu entfalten.

DAS WICHTIGSTE IN KÜRZE

Die Multiplikator-Methode ist eine innovative Herangehensweise an die Führung von Teams und Unternehmen, die außergewöhnliche Ergebnisse ermöglicht. Ein Multiplikator kann das volle Potenzial jedes Teammitglieds freisetzen und eine synergetische Dynamik schaffen. Die Methode basiert auf drei Säulen: dem richtigen Mindset, vielfältigen Führungsinstrumenten und effektiver Kommunikation.

Das richtige Mindset eines Multiplikators umfasst Selbstbewusstsein, Lernbereitschaft, Lösungsorientierung, Empathie, Wachstumsdenken, Vertrauen, Resilienz, Vision, Motivation und Dankbarkeit. Ein positiver Ansatz und die Fähigkeit, Herausforderungen zu sehen, fördern Kreativität und Innovation. Das Mindset wirkt sich auf die gesamte Unternehmenskultur aus.

Die Multiplikator-Methode bietet zahlreiche Vorteile, darunter gesteigerte Leistungsfähigkeit, Innovation und Kreativität, Mitarbeiterbindung und -entwicklung sowie eine gestärkte Teamdynamik.

Neben dem richtigen Mindset ist es entscheidend, die geeigneten Führungsinstrumente zu kennen und einzusetzen, um Exzellenz in der Mitarbeitendenführung zu erreichen.

Die zentralen Führungsinstrumente, die Multiplikator-Führungskräfte auszeichnen und zu außergewöhnlichen Ergebnissen führen, sind:

- Zielorientierte Kommunikation: Klare und inspirierende Zielsetzung und effektive Kommunikation, um Mitarbeitende zu motivieren und deren Engagement zu steigern.

- Feedback und Anerkennung: Regelmäßiges Feedback und ehrliche Anerkennung zur Förderung des Wachstums und der Entwicklung der Mitarbeitenden.

- Delegieren: Verantwortung an Mitarbeitende übertragen, um deren Fähigkeiten zu erweitern und deren Beiträge zu maximieren.

- Coaching und Mentoring: Investition in das Coaching und Mentoring der Mitarbeitenden, um deren Potenzial auszuschöpfen und die kontinuierliche Verbesserung zu fördern.

- Förderung von Teamarbeit: Schaffung einer Kultur der Teamarbeit und Zusammenarbeit im Unternehmen.

- Konfliktmanagement: Effektive und konstruktive Lösung von Konflikten, um die Produktivität und das Arbeitsklima positiv zu beeinflussen.

- Entscheidungsfindung: Fundierte Entscheidungen treffen, unter Berücksichtigung verschiedener Perspektiven und Beteiligung der Mitarbeitenden.

- Persönliches Vorbild: Authentisch und integer vorleben, was von den Mitarbeitenden erwartet wird.

- Kontinuierliche Weiterbildung: Aktive Teilnahme an Schulungen und Weiterbildungen zur ständigen Weiterentwicklung der Führungskompetenzen.

- Visionäre Führung: Eine klare Vision für das Unternehmen kommunizieren, um das Team zu motivieren, gemeinsam Großes zu erreichen.

Es ist wichtig, einen exzellenten Führungsprozess zu leben. Dafür sollten Führungskräfte sich ernsthaft mit dem Thema Zielsetzung auseinandersetzen. Der Führungsprozess umfasst das Setzen von Zielen, die Übertragung von Aufgaben und die Sicherstellung der Zielerreichung. Effiziente Delegation führt zu erfolgreichen Ergebnissen. Zudem sollte die Zielerreichung sichergestellt werden, indem Mitarbeitende aktiv einbezogen und motiviert werden.

Unter den verschiedenen Führungsstilen können Führungskräfte den passenden Ansatz je nach Situation und Mitarbeitenden wählen. Der direkte Führungsstil gibt klare Ziele vor, während der ausbildende Führungsstil die Angestellten bei der Ideenfindung einbezieht. Der delegative Führungsstil überlässt die gesamte Umsetzung dem Mitarbeitenden, während der kooperative Führungsstil gemeinsam Ziele gestaltet. Die Angestellten können auch selbstgesteckte Ziele verfolgen, was ein hohes Maß an Selbstverantwortung erfordert.

Die Macht der Kommunikation ist in einer sich schnell verändernden und komplexen Welt entscheidend für den Erfolg von Unternehmen und Führungskräften. Klare und offene Kommunikation fördert das Verständnis, schafft Vertrauen, ermöglicht kontinuierliche Verbesserungen, setzt klare Ziele und fördert Teamarbeit und Innovation. Eine effektive Kommunikation ist ein leistungsstarker Motor für Produktivität und Effizienz.

Insgesamt nutzen Multiplikator-Führungskräfte diese Führungsinstrumente gezielt, um das Potenzial ihrer Mitarbeitenden zu multiplizieren und eine nachhaltig erfolgreiche Organisation aufzubauen. Durch die Macht der Kommunikation können sie ihre Vision vermitteln, Mitarbeitende inspirieren und das volle Potenzial des Teams entfalten.

3.

Fallstudien aus der Praxis

Herzlich willkommen im dritten und besonders spannenden Teil dieses Buches. In diesem Abschnitt widmen wir uns Fallstudien, die reale Herausforderungen und Erfahrungen aus dem Führungsalltag beleuchten. Während die vorherigen Abschnitte Ihnen die theoretischen Grundlagen und Werkzeuge vermittelt haben, geht es jetzt um die praktische Anwendung dieser Kenntnisse.

Fallstudien bieten uns ein einzigartiges Fenster in die Realität der Führung. Sie zeigen, wie Theorie und Praxis zusammenkommen, welche Entscheidungen in bestimmten Situationen getroffen wurden und vor allem, welche Lektionen daraus gezogen werden können. Jede Fallstudie in diesem Abschnitt ist sorgfältig ausgewählt, um unterschiedliche Aspekte der Führung zu repräsentieren: von Mitarbeitendenmotivation über Change-Management bis hin zu Krisenbewältigung.

Bei der Auswahl der Fallstudien haben wir uns bewusst für Unternehmen entschieden, die über Jahre hinweg herausragende Erfolge vorweisen konnten. Dies ist kein Zufall, sondern vielmehr ein klarer Beleg für exzellente Führung und effizientes Management. Viele dieser Unternehmen sind uns besonders aufgefallen, weil sie unter einer starken Führung florieren konnten, aber in Schieflage gerieten, sobald eine weniger kompetente Geschäftsleitung die Zügel in die Hand nahm.

Ein wiederkehrendes Muster, das ich in meiner eigenen Erfahrung und in meiner Beobachtung des Marktes festgestellt habe, ist, dass viele dieser erfolgreichen Firmen entweder verkauft oder an eine neue Geschäftsleitung übergeben wurden. Leider folgte darauf häufig ein abrupter Niedergang, weil die neue Führung nicht die gleiche Qualität und Effizienz in der Unternehmenssteuerung mitbrachte. In einigen erschreckenden Fällen sind diese einst florierenden Unternehmen innerhalb von nur zwei Jahren komplett vom Markt verschwunden.

Diese Fallbeispiele sind besonders aufschlussreich, da sie deutlich machen, wie kritisch die Rolle der Führung für den Unternehmenserfolg ist. Sie zeigen, dass selbst ein langjährig erfolgreiches Geschäftsmodell rasch an Wirkung verlieren kann, wenn es nicht mehr durch kompetente Führung untermauert ist.

Deshalb finden Sie in diesem Abschnitt auch Fallstudien von Unternehmen, bei denen der Wechsel in der Geschäftsleitung zu signifikanten Veränderungen geführt hat – sowohl positiv als auch negativ. Die Lektionen, die wir aus dem Aufstieg und Fall dieser Firmen ziehen können, sind von unschätzbarem Wert für jeden, der die Verantwortung für die Führung eines Unternehmens trägt oder tragen wird.

Für jede Fallstudie werden wir die folgenden Punkte behandeln:

- **Kontext:** Was war die Ausgangslage? Welche Herausforderungen standen im Raum?
- **Aktion:** Welche Entscheidungen wurden getroffen? Welche Strategien wurden verfolgt?
- **Ergebnis:** Was war das Resultat der getroffenen Entscheidungen und angewendeten Strategien?
- **Analyse:** Was können wir daraus lernen? Welche allgemeingültigen Prinzipien lassen sich ableiten?

Nach jeder Fallstudie erhalten Sie konkrete Takeaways und Handlungsempfehlungen, die Sie in Ihrer eigenen Rolle als Führungskraft anwenden können.

Die Praxis ist oft komplizierter als die Theorie. Mit den Fallstudien in diesem Abschnitt erhalten Sie wertvolle Einblicke in die reale Welt der Führung. Sie bieten Ihnen die Möglichkeit, Ihr neu erworbenes Wissen auf Situationen anzuwenden, die Sie selbst in Ihrer Karriere als Führungskraft erleben könnten.

Es ist uns wichtig zu betonen, dass einige dieser Fallstudien anonymisiert wurden, um die Identität der betroffenen Unternehmen zu schützen. Der Grund für diese Anonymisierung ist, dass einige Unternehmen durch schlechte Führungsentscheidungen innerhalb kürzester Zeit erhebliche Schwierigkeiten erlebt haben oder sogar ruiniert wurden. Unsere Absicht ist es, niemanden an den Pranger zu stellen oder in einer negativen Weise bloßzustellen. Deshalb haben wir darauf geachtet, die Fallstudien so zu gestalten, dass sie genügend Informationen bieten, um das Geschäftsmodell und die branchenspezifischen Herausforderungen zu verstehen, ohne jedoch so spezifisch zu sein, dass Rückschlüsse auf die betroffenen Unternehmen möglich wären. Unser Ziel ist es, den Lesern wertvolle Einsichten zu bieten, ohne jemanden zu kompromittieren oder zu diskreditieren.

Nun, lassen Sie uns in die faszinierende Welt der Fallstudien eintauchen und die verborgenen Lektionen entdecken, die uns die Praxis zu bieten hat.

Fallstudie:

Werteorientierte Führung als Schlüsselfaktor

OLAF KLEIDON
Geschäftsführer der neteleven GmbH
www.neteleven.de

Hintergrundinformationen

Die Fallstudie beleuchtet die Erfahrungen und Einsichten von Olaf Kleidon, einem der Gründer und ehemaligen Geschäftsführer einer Beratungsfirma. Das Unternehmen, 2003 von drei Personen gegründet, entwickelte sich zu einem bedeutenden Player im Bereich E-Commerce und Content Management mit etwa 300 Mitarbeitenden. Die Geschäftsleitung wurde von vier Personen wahrgenommen und funktionierte erfolgreich aufgrund ihrer Ergänzungen in fachlichem Know-How. Diese Mischung aus Zusammenarbeit und Führung war ein Schlüssel zum Erfolg. Olaf Kleidon fungierte als Repräsentant nach außen und trieb gleichzeitig neue Projekte voran. Dies zeigt, dass eine effektive Führung sowohl Teamarbeit als auch klare Verantwortlichkeiten erfordert.

Die Herausforderungen im Unternehmen

Herausforderung 1: Schnelles Wachstum
Eine Herausforderung war das schnelle Wachstum. In der unternehmerischen Welt gilt schnelles Wachstum oft als Inbegriff des Erfolgs. Es steht für florierende Geschäfte, einen wachsenden Kundenstamm und steigende Umsätze. Aber hinter der schillernden Fassade lauern

Herausforderungen, die nicht unterschätzt werden dürfen. Für viele Unternehmen kann schnelles Wachstum zu einer echten Zerreißprobe werden.

Kapazitätsengpässe
Eine der unmittelbarsten Herausforderungen stellt die Kapazität dar. Schnelles Wachstum erfordert in der Regel eine rasche Skalierung der Produktion oder der Dienstleistungen. Das kann zu Engpässen in verschiedenen Bereichen – von Personal über Logistik bis hin zu Lagerkapazitäten – führen. Das Management muss hier strategisch kluge Entscheidungen treffen, um die Qualität des Angebots nicht zu gefährden.

Finanzielle Belastungen
Wachstum braucht Kapital. Die Expansion in neue Märkte, die Anschaffung von Maschinen oder das Einstellen von mehr Personal erfordern erhebliche finanzielle Ressourcen. Eine schlechte Finanzplanung kann dabei fatale Auswirkungen haben und im schlimmsten Fall das Unternehmen in finanzielle Schwierigkeiten bringen.

Unternehmenskultur und Kommunikation
Je größer ein Unternehmen wird, desto komplexer werden die internen Strukturen. Was in einem kleinen Team noch problemlos funktionierte, kann in einem großen Unternehmen zu erheblichen Kommunikationsproblemen führen. Hier ist es entscheidend, eine Unternehmenskultur zu pflegen, die den neuen Herausforderungen gewachsen ist.

Qualitätskontrolle
Mit dem Wachstum steigt auch die Komplexität der Produkte oder Dienstleistungen, die ein Unternehmen anbietet. Die Gefahr, dass die Qualität leidet, ist real und kann langfristig den Ruf des Unternehmens schädigen.

Markt- und Kundenanforderungen
Ein schnelles Wachstum kann dazu führen, dass sich das Unternehmen zu sehr auf die Expansion und zu wenig auf die Bedürfnisse des Marktes oder der Kunden fokussiert. Um langfristig erfolgreich zu sein, muss die Balance zwischen Wachstum und Kundenorientierung gewahrt bleiben.

Fazit
Schnelles Wachstum ist nicht nur ein Zeichen des Erfolgs, sondern bringt auch eine Vielzahl von Herausforderungen mit sich. Ein gutes Management, das diese Herausforderungen antizipiert und Strategien zur Bewältigung entwickelt, ist entscheidend für die nachhaltige Entwicklung des Unternehmens.

Herausforderung 2: rapide Zunahme der Mitarbeiteranzahl

Eines der auffälligsten Symptome für schnelles Unternehmenswachstum ist die rapide Zunahme der Mitarbeitenden. Wenn Aufträge und Kundenanfragen nur so hereinströmen, ist die verlockende Lösung oft, schnellstmöglich neues Personal einzustellen. Aber diese schnelle Rekrutierung birgt ihre eigenen Herausforderungen.

Qualität vs. Quantität
In der Eile, vakante Stellen zu besetzen, kann es passieren, dass der Auswahlprozess nicht mehr die nötige Sorgfalt und Qualität aufweist. Falsche oder ungeeignete Einstellungen können dem Unternehmen mittel- bis langfristig erheblichen Schaden zufügen, sowohl finanziell als auch kulturell.

Onboarding und Integration
Jeder neue Mitarbeitende benötigt eine Einarbeitungsphase. Bei schnellem Wachstum kann der Onboarding-Prozess leicht aus den Fugen geraten. Wenn neu Angestellte nicht ausreichend eingearbeitet werden, kann das zu Fehlern, sinkender Produktivität und einem allgemeinen Gefühl der Desorientierung im Team führen.

Unternehmenskultur

Eine plötzliche Zunahme der Belegschaft kann die etablierte Unternehmenskultur erheblich beeinträchtigen. Neue Mitarbeitende bringen neue Dynamiken und Erwartungen mit, die möglicherweise nicht sofort mit den bisherigen Werten und Normen des Unternehmens in Einklang zu bringen sind. Hier gilt es, besonders sensibel zu agieren, um die Unternehmenskultur nicht zu verwässern oder gar negativ zu verändern.

Ressourcen und Management

Mehr Mitarbeitende bedeuten auch einen höheren Bedarf an Ressourcen und Managementkapazitäten. Büroflächen, technische Infrastruktur und Führungsressourcen müssen mitwachsen, was wiederum weitere Investitionen und organisatorische Anpassungen erforderlich macht.

Rechtliche Aspekte

Das schnelle Einstellen von Mitarbeitenden kann auch rechtliche Fallstricke mit sich bringen, besonders wenn Arbeitsverträge in der Eile nicht sorgfältig geprüft oder standardisierte Vertragsvorlagen verwendet werden, die nicht den spezifischen Anforderungen des Unternehmens entsprechen.

Fazit

Schnelles Wachstum und die damit verbundene Notwendigkeit, schnell Personal zu rekrutieren, können ein Minenfeld an Herausforderungen darstellen. Von der Qualität der Einstellungen über die Integration ins Unternehmen bis hin zu kulturellen und rechtlichen Aspekten müssen zahlreiche Faktoren berücksichtigt werden, um sicherzustellen, dass das schnelle Wachstum nicht zu einer Krise wird.

Herausforderung 3: Qualitätssicherung

Während das Unternehmen expandiert, sich die Belegschaft vergrößert und sich die inneren Strukturen verkomplizieren, wird die Aufrechterhaltung des Qualitätsstandards zu einer immer größeren Herausforderung.

Skalierung der Produktionsprozesse

Wenn die Nachfrage steigt, müssen auch die Produktionsprozesse skalieren. Hier liegt die erste potenzielle Gefahrenzone: werden Maschinen und Anlagen an ihre Kapazitätsgrenzen gebracht oder überbeansprucht, kann das zu Qualitätsverlusten führen. Zudem können Fehler und Mängel in einem größeren Maßstab auftreten, was sich negativ auf das Unternehmensimage auswirken kann.

Mitarbeitendenkompetenz

Wie bereits in den vorigen Abschnitten erwähnt, stellt die schnelle Rekrutierung von Mitarbeitenden eine Herausforderung dar. Ein unausgewogenes Verhältnis zwischen erfahrenen zu neuen Teammitgliedern kann dazu führen, dass Qualitätsrichtlinien nicht eingehalten werden, da die Erfahrung und das Fachwissen für komplexe Aufgabenstellungen fehlen.

Überwachung und Qualitätskontrolle

Je mehr Produkte oder Dienstleistungen ein Unternehmen anbietet, desto schwieriger wird die Qualitätskontrolle. Oft werden neue Abteilungen oder Teams gebildet, die sich auf spezielle Aufgaben konzentrieren. Die koordinierte Überwachung dieser verschiedenen Einheiten erfordert zusätzliche Ressourcen und ein gut durchdachtes Management.

Kundenbedürfnisse und -erwartungen

Die Kunden sind der Endpunkt jedes Qualitätsmanagements. Bei schnellem Wachstum kann der Fokus auf die Kundenbedürfnisse verloren gehen. Unzufriedene Kunden sind in der heutigen Zeit schnell geneigt, ihre Erfahrungen online zu teilen, was zu einem raschen Ansehensverlust führen kann.

Zeitdruck
Schnelles Wachstum erzeugt fast immer Zeitdruck. Der Wunsch, den steigenden Anforderungen gerecht zu werden, kann zu überhasteten Entscheidungen führen. Hier besteht die Gefahr, dass Qualitätssicherungsprozesse übersprungen oder vernachlässigt werden, um Zeit zu sparen.

Fazit
Die Aufrechterhaltung der Qualität bei schnellem Wachstum ist eine der komplexesten Herausforderungen, denen sich ein Unternehmen stellen muss. Es erfordert eine strategische Planung, umfassende Überwachung und das Engagement jedes einzelnen Mitarbeitenden. Nur wenn diese Aspekte harmonisch zusammenwirken, kann ein Unternehmen sicherstellen, dass sein schnelles Wachstum nicht auf Kosten der Qualität geht.

Die Lösung: Wertorientierte Führung

Schnelles Wachstum ist für viele Unternehmen ein erstrebenswertes Ziel, doch wie wir bereits gesehen haben, bringt es eine Vielzahl von Herausforderungen mit sich. Kapazitätsengpässe, Personalrekrutierung und Qualitätskontrolle sind nur einige der Themen, die im Zuge einer raschen Expansion auf die Agenda rücken. In diesem Kontext kann eine werteorientierte Führung nicht nur zur Orientierung, sondern auch zur Lösung einiger dieser Probleme beitragen.

Was ist werteorientierte Führung?
Werteorientierte Führung bezieht sich auf eine Führungskultur, die auf klar definierten und kommunizierten ethischen Grundsätzen und Unternehmenswerten basiert. Diese Werte dienen als Leitlinien für Entscheidungen und Verhaltensweisen innerhalb der Organisation und formen so die Unternehmenskultur.

Die Grundlage seiner wertorientierten Führungskultur bilden für Olaf Kleidon:

- **Fairness:**
Olaf legt als Führungskraft sehr großen Wert auf offene Kommunikation und einen fairen Umgang mit den Mitarbeitenden, auch in schwierigen Situationen wie Trennungen. So strebt er danach, Trennungen so durchzuführen, dass sie nicht persönlich werden.

- **Gerechtigkeit:**
Gerechte Entscheidungen und die Bereitschaft, diese zu begründen, sind für Olaf von zentraler Bedeutung.

- **Transparenz:**
Klare Kommunikation und Offenlegung von Informationen sind wichtige Elemente in Olafs Führungsstil. Er betont, dass Transparenz Vertrauen aufbaut und den Mitarbeitenden ermöglicht, die Hintergründe von Entscheidungen zu verstehen. Es ist ihm wichtig, dass alle Teammitglieder hinter diesen Entscheidungen stehen, weil sie zum Wohle des Unternehmens gefällt werden.

- **Entscheidungsfreudigkeit:**
Olaf strebt nach Entscheidungen, die für alle nachvollziehbar sind. Dies schafft Klarheit und minimiert Unsicherheit im Team. Auch ist es für ihn wichtig, lieber eine Entscheidung schnell zu treffen, als zu lange zu zögern.

- **Verantwortung und Wertschätzung**
Olaf betont die Wichtigkeit, Verantwortung an andere zu übergeben, ohne sie zu überfordern. Gerade in Bereichen, in denen bestimmte Teammitglieder besonders gut sind, sollten sie gefördert und unterstützt werden. Hier darf gerne Verantwortung übertragen werden. Das Potenzial und die Talente der einzelnen Mitarbeitenden zu erkennen und ihnen dementsprechend Verantwortung zu übertragen, stärkt die Wertschätzung und das Vertrauen. Dies ermöglicht eine effiziente Verteilung von Verantwortlichkeiten und fördert zudem die Eigenverantwortung der Teammitglieder, was sich auch positiv auf den Teamgeist und die Bindung zum Unternehmen auswirkt.

Ein klarer Kompass in turbulenten Zeiten

Bei schnellem Wachstum können Unternehmen leicht den Fokus verlieren. Ein werteorientierter Ansatz kann als stabilisierender Faktor dienen. Er bietet sowohl dem Management als auch den Mitarbeitenden ein gemeinsames Verständnis davon, was das Unternehmen ausmacht und wie Entscheidungen getroffen werden sollten. Dies ist besonders wichtig, wenn innerhalb kurzer Zeit viele neue Mitarbeiter eingestellt werden, die rasch in die Unternehmenskultur integriert werden müssen.

Qualität als Wert

Einer der kritischen Punkte bei schnellem Wachstum ist die Aufrechterhaltung der Qualität. Wenn Qualität als einer der zentralen Unternehmenswerte definiert ist, wird sie nicht nur vom Management, sondern von allen Mitarbeitenden als Priorität angesehen. Das hat nicht nur einen positiven Einfluss auf das Endprodukt, sondern minimiert auch das Risiko von Fehlentscheidungen, die unter Zeitdruck getroffen werden könnten.

Mitarbeitendenzufriedenheit und -bindung

Werteorientierte Unternehmen haben oft eine höhere Mitarbeitendenzufriedenheit, was insbesondere in Phasen schnellen Wachstums von Vorteil sein kann. Zufriedene und engagierte Mitarbeitende sind produktiver, weniger anfällig für Fluktuation und können besser mit den Herausforderungen und dem Stress, der durch schnelles Wachstum entstehen kann, umgehen.

Skalierbarkeit der Unternehmenskultur

Eine der größten Herausforderungen bei der schnellen Skalierung ist die Aufrechterhaltung der Unternehmenskultur. Ein werteorientierter Ansatz ist intrinsisch skalierbar. Werte, die im kleinen Team von 10 Personen gelten, sind ebenso relevant für ein Unternehmen mit 100 oder 1.000 Mitarbeitern.

Fazit
Werteorientierte Führung kann als eines der effektivsten Instrumente dienen, um die Herausforderungen, die mit schnellem Unternehmenswachstum einhergehen, erfolgreich zu meistern. Indem ein starkes Wertefundament geschaffen wird, auf dem Entscheidungen basieren, können Qualität, Mitarbeitendenzufriedenheit und die Unternehmenskultur selbst in Zeiten rasanten Wachstums stabil gehalten werden.

Die Ergebnisse

Die eingeleiteten Veränderungen und Anpassungen durch Olaf Kleidon und sein Team haben nachweislich zu einer Vielzahl positiver Ergebnisse geführt und gezeigt, dass die Maßnahmen gefruchtet haben.

Das Ergebnis:
Deutliches Wachstum und Marktpositionierung
Das Unternehmen konnte ein beeindruckendes Wachstum verzeichnen, indem es von einem Team von drei Personen auf eine stattliche Mitarbeiterzahl von etwa 300 anwuchs. Dieses Wachstum ermöglichte es dem Unternehmen, sich als maßgeblicher Akteur in der spezialisierten Nischenbranche zu etablieren.

Öffentliche Anerkennung
Die Auszeichnung als «Great Place to Work» spiegelt die erfolgreiche Implementierung einer positiven Unternehmenskultur wider. Dies sorgt natürlich auch für Aufmerksamkeit unter Kunden und Geschäftspartnern und wirkt sich positiv auf das öffentliche Image des Unternehmens aus.

Beeindruckende geschäftliche Erfolge
Mit über 500 Kunden und einem Jahresumsatz von ca. 30 Millionen Euro erreichte das Unternehmen beeindruckende geschäftliche Erfolge.

Unternehmen als bedeutendes Karriere-Sprungbrett
Ein bemerkenswertes Ergebnis dieser Werteorientierung ist die Tatsache, dass auch viele ehemalige Mitarbeitende heute in führenden Positionen anderer Unternehmen tätig sind, was die Wirkung der Führungskultur auf die individuelle Entwicklung der Mitarbeitenden verdeutlicht.

Diese Ergebnisse verdeutlichen, wie eine wertorientierte Führung, wie sie von Olaf Kleidon praktiziert wurde, zu nachhaltigem Wachstum und Erfolg führen kann.

Heutige Situation des Unternehmens

Nachdem Olaf Kleidon die Firma 2018 verlassen hatte, übernahm eine neue, externe Geschäftsleitung, die das Unternehmen zwei Jahre später in einen Konzern integrierte. Ein beachtlicher Teil der Mitarbeitenden hatte bis dahin die Firma verlassen. Olaf Kleidon nahm sich eine Auszeit.

Doch der «Ruhestand» währte nicht lange. Ehemalige Mitarbeitende wandten sich an ihn mit der Bitte, ein neues Unternehmen zu gründen. Obwohl er ursprünglich keine Ambitionen mehr in diese Richtung hegte, ließ er sich überzeugen. «Es kommt weniger auf die Tätigkeit an, sondern auf die Menschen. Mit den richtigen Menschen würde er am Ende des Tages jedes Unternehmen aufbauen», so Olaf Kleidon. Inspiriert von dieser Überzeugung, entschied er sich für ein Comeback im Bereich E-Commerce und gründete die neteleven GmbH *https://neteleven.de/de/*, die heute bereits mehr als 30 Mitarbeitende beschäftigt.

Was Olaf Kleidon jungen Führungskräften mitgeben möchte

Aufgrund seiner umfassenden Erfahrung kann Olaf Kleidon folgende Empfehlungen aussprechen:

Menschlichkeit steht im Fokus
Im Kontext erfolgreicher Führung rückt die Menschlichkeit in den Mittelpunkt. Dabei geht es darum, die Bedürfnisse und das Wohl der Mitarbeitenden

als zentrales Anliegen zu betrachten. Eine werteorientierte Führung berücksichtigt nicht nur betriebswirtschaftliche Kennzahlen, sondern legt großen Wert darauf, ein Umfeld zu schaffen, in dem die individuellen Belange und Wünsche der Mitarbeitenden geschätzt und respektiert werden. Diese menschenzentrierte Herangehensweise ist ein Schlüssel zur Förderung einer positiven Unternehmenskultur und zu langfristigem Erfolg. Die Wertschätzung der Mitarbeitenden sowie die Menschlichkeit stehen im Mittelpunkt einer effektiven Führung.

Nachvollziehbare Entscheidungen
Sie bilden das Fundament für Transparenz und Vertrauensaufbau innerhalb des Teams. Jedes Teammitglied sollte in der Lage sein, die Gründe und Überlegungen hinter einer Entscheidung zu verstehen. Diese Offenheit fördert nicht nur das Vertrauen in die Führungskräfte, sondern ermöglicht es auch den Teammitgliedern, besser in den Entscheidungsprozess eingebunden zu sein und sich stärker mit den getroffenen Maßnahmen zu identifizieren.

Notwendigkeit von Kündigungen im Sinne des Teams
Die Bedeutung von notwendigen Kündigungen wird deutlich betont. In Fällen, in denen es dem Team insgesamt zugutekommt, können auch weniger leistungsstarke Mitarbeitende entlassen werden. Dieser Schritt zielt darauf ab, die Gesamtleistung und Dynamik des Teams zu schützen. Es ist jedoch von entscheidender Bedeutung, dass dieser Prozess möglichst fair abläuft, ohne persönliche Aspekte in den Vordergrund zu stellen. Eine solche Vorgehensweise bewahrt die Professionalität und zeigt Wertschätzung für die individuelle Performance jedes Teammitglieds.

Das Team muss harmonieren
Eine reibungslose Teamharmonie ist ein Schlüssel zum Erfolg in jeder Organisation. Es ist von entscheidender Bedeutung, dass die fachlichen Fähigkeiten und die persönliche Eignung der Teammitglieder harmonieren. Diese Übereinstimmung sollte nicht nur auf die gegenwärtigen Anforderungen des Auftrags beschränkt sein. Anders ausgedrückt, die Kompatibilität eines Mitarbeitenden mit dem Team sollte stets eine höhere

Priorität haben als kurzfristige Auftragsanforderungen. Dieser Grundsatz eröffnet die Möglichkeit, langfristige Synergien und eine positive Arbeitsumgebung zu schaffen, die sowohl die individuelle Entwicklung als auch die Leistung des gesamten Teams fördern kann. Für aufstrebende Führungskräfte dient dies als wertvolle Orientierung, um eine effektive und nachhaltige Teamführung zu etablieren.

Mut zu Fehlern - positive Fehlerkultur

In der Welt der Führung ist es von entscheidender Bedeutung, Mut zu haben und Risiken einzugehen. Doch genauso wichtig ist die Bereitschaft, Fehler zu akzeptieren, die auf diesem Weg gemacht werden. Offenheit spielt hierbei eine zentrale Rolle und ist der Schlüssel zur Förderung einer positiven Lernbereitschaft im gesamten Unternehmen. Die Entwicklung einer solchen positiven Fehlerkultur ist ein unverzichtbarer Bestandteil einer erfolgreichen Führung. Indem Führungskräfte den Mut zu Fehlern fördern, schaffen sie eine Umgebung, in der die Teammitglieder innovativ sein können, ohne Angst vor negativen Konsequenzen haben zu müssen. Dies ermutigt dazu, neue Ideen auszuprobieren und Chancen zu ergreifen, die sonst ungenutzt blieben. Gleichzeitig zeigt eine positive Fehlerkultur, dass die Führungsebene Vertrauen in ihre Mitarbeitenden zeigt und bereit ist, ihnen Verantwortung zu übertragen. Für junge Führungskräfte ist es daher von entscheidender Bedeutung, den Mut zu entwickeln, Fehler zu akzeptieren, und eine Umgebung zu schaffen, in der ihre Teams dasselbe tun können. Dies ist der Weg zu nachhaltigem Wachstum und Erfolg.

Schaffung einer sicheren Umgebung für alle Mitarbeitenden

Die Schaffung einer sicheren Umgebung innerhalb eines Teams oder Unternehmens spielt eine entscheidende Rolle, um Verantwortungsbewusstsein zu fördern und ein Klima für ehrliches Feedback zu schaffen. Wenn Mitarbeitende sich sicher fühlen, sind sie eher bereit, Verantwortung zu übernehmen, da sie wissen, dass ihre Handlungen nicht bestraft, sondern unterstützt und gefördert werden. In einer solchen Umgebung können sie sich auf die Aufgaben konzentrieren und innovativ sein, ohne ständige Sorge um mögliche Konsequenzen.

Zudem wird in einer sicheren Umgebung ehrliches Feedback gefördert. Mitarbeitende sind eher geneigt, ihre Gedanken und Bedenken offen zu teilen, wenn sie sich respektiert und geschützt fühlen. Dieses Feedback ist von unschätzbarem Wert, um Schwachstellen zu erkennen und Verbesserungen voranzutreiben. Die Führungskräfte spielen dabei eine entscheidende Rolle, indem sie ein Umfeld schaffen, in dem Offenheit und konstruktive Kritik willkommen sind. Dies fördert nicht nur das individuelle Wachstum, sondern auch die Entwicklung des gesamten Teams und des Unternehmens. Insgesamt zeigt sich, dass die Schaffung einer sicheren Umgebung ein Schlüsselaspekt erfolgreicher Führung ist, der es den Mitarbeitern ermöglicht, ihr volles Potenzial auszuschöpfen und zur kontinuierlichen Verbesserung des Teams beizutragen.

Ein berufliches Umfeld schaffen, das persönliches Wachstum fördert
Die Bedeutung der Umgebung, in der man sich beruflich entfaltet, sollte keinesfalls unterschätzt werden. Dieser Grundsatz, der insbesondere für aufstrebende Führungskräfte von großer Relevanz ist, kann den Unterschied zwischen Erfolg und Stagnation ausmachen. Die Wahl des richtigen beruflichen Umfelds kann eine erhebliche Auswirkung auf die persönliche Entwicklung haben. Eine Umgebung, die persönliches Wachstum ermöglicht, zeichnet sich durch verschiedene Merkmale aus. Sie fördert nicht nur die berufliche Karriere, sondern auch die persönliche Entwicklung und Zufriedenheit. Denn letztendlich formt nicht nur die individuelle Leistung, sondern auch das Umfeld, in dem sie gedeiht, den beruflichen Werdegang. Die Entscheidung für ein solches Umfeld kann somit einen entscheidenden Schritt auf der Reise zu einer erfüllten und erfolgreichen Karriere darstellen.

Diese zusammengefassten Erkenntnisse aus dem Interview bieten wertvolle Anleitungen für junge Führungskräfte, um eine inspirierende und erfolgreiche Führungskultur in ihren eigenen Organisationen aufzubauen.

Schlüsselerkenntnisse aus der Fallstudie

Die Fallstudie über Olaf Kleidon beleuchtet, wie werteorientierte Führung auf einer Symbiose von Teamgeist, Offenheit, dem Delegieren von Verantwortung und festgelegten Unternehmenswerten fußt. Diese Grundpfeiler, insbesondere die Hervorhebung von Werten wie Fairness, Transparenz und Gerechtigkeit, tragen zur Schaffung einer Arbeitsatmosphäre bei, die von Vertrauen und Wertschätzung geprägt ist. Junge Führungspersönlichkeiten können aus dieser Fallstudie wichtige Lektionen für die effektive Steuerung von Teams und die Implementierung von Werten ziehen.

Die Geschichte von Olaf Kleidon lehrt uns auch, dass Schwierigkeiten und Herausforderungen nicht das Finale darstellen müssen, sondern oft die Initialzündung für Veränderung und Wachstum sind. Statt sich vor Herausforderungen zu fürchten, sollten wir sie als Katalysator für Erneuerung und Optimierung begreifen. Das Setzen von Zielen, kluges Entscheiden und das Streben nach einer lebendigen Führungskultur sollten immer im Mittelpunkt stehen. Denn in den herausforderndsten Zeiten werden oft die größten Triumphe errungen.

Werteorientierte Führung als Erfolgsformel
Olaf Kleidons beruflicher Werdegang und sein aktuelles Unternehmen, die neteleven GmbH, untermauern die Relevanz einer werteorientierten Führungsstrategie, gerade in Zeiten der Unsicherheit oder des raschen Wandels. Er verkörpert die Idee, dass durch die richtige Kombination von Werten und Menschen auch in komplizierten Situationen Erfolg erzielt werden können.

Der Mensch im Mittelpunkt
Die Philosophie von Kleidon verdeutlicht, dass Unternehmen mehr sind als bloße Ansammlungen von Produkten oder Dienstleistungen. Sie sind vielmehr Gemeinschaften, die sich gemeinsam für ein Ziel engagieren. Diese Gemeinschaften profitieren enorm von einer kräftigen Unternehmenskultur und geteilten Grundwerten, die sowohl Orientierung als auch Bindung schaffen.

Flexibilität und Widerstandsfähigkeit
Olaf Kleidons Laufbahn zeigt uns auch, wie flexibel und robust eine Unternehmenskultur sein kann, die von festen Werten getragen wird. Als Unternehmer mit einem Portfolio von Erfolgen und Misserfolgen verkörpert er diese Eigenschaften auf beeindruckende Weise.

Schlussfolgerung
Die Rückkehr von Olaf Kleidon aus seiner Auszeit und die Gründung der neteleven GmbH stehen exemplarisch für die Kraft werteorientierter Führung und teamorientierter Ansätze. Sie senden eine klare Botschaft an alle Unternehmer und Führungspersonen: Der Unternehmenserfolg, besonders in Phasen des schnellen Wachstums oder gravierender Veränderungen, ist tief mit der Kultur und den Werten des Unternehmens verwurzelt.

DAS WICHTIGSTE IN KÜRZE

Hintergrundinformationen

- Fallstudie über Olaf Kleidon, Mitgründer einer Beratungsfirma im Bereich E-Commerce und Content Management.
- Das Unternehmen wuchs von 3 auf etwa 300 Mitarbeitende und wurde durch eine vierköpfige Geschäftsleitung geführt.
- Schlüssel zum Erfolg: Ergänzendes Know-How, Teamarbeit und klare Verantwortlichkeiten.

Herausforderungen im Unternehmen

- Herausforderung 1: Schnelles Wachstum
- Kapazitätsengpässe, finanzielle Belastungen, Unternehmenskultur, Qualitätskontrolle und Marktbedürfnisse als Hauptprobleme.
- Herausforderung 2: Rapide Zunahme der Mitarbeiteranzahl
- Qualitätskompromisse bei der Einstellung, Onboarding-Probleme, Unternehmenskultur, Ressourcen und rechtliche Aspekte als Schwierigkeiten.
- Herausforderung 3: Qualitätssicherung
- Skalierungsprobleme, Mitarbeiterkompetenz, Überwachung und Kundenbedürfnisse als kritische Faktoren.

Die Lösung: Wertorientierte Führung

- Olaf Kleidon setzt auf Werte wie Fairness, Gerechtigkeit, Transparenz und Verantwortung.
- Vorteile: Stabilisiert das Unternehmen, fördert Qualität, erhöht Mitarbeitendenzufriedenheit und ist skalierbar.

Die Ergebnisse

- Deutliches Wachstum, Marktpositionierung, öffentliche Anerkennung und geschäftliche Erfolge.
- Viele ehemalige Mitarbeitende in führenden Positionen anderer Unternehmen.

Heutige Situation des Unternehmens

- Olaf Kleidon verließ die Firma 2018; sie wurde in einen Konzern integriert.
- Kleidon gründete die neteleven GmbH mit bereits mehr als 30 Mitarbeitenden.

Ratschläge von Olaf Kleidon

Menschlichkeit, Transparenz, Teamharmonie, positive Fehlerkultur und sicheres Umfeld als Schlüssel zum Erfolg.

Schlüsselerkenntnisse aus der Fallstudie

- Werteorientierte Führung als Erfolgsformel.
- Der Mensch steht im Mittelpunkt.
- Flexibilität und Widerstandsfähigkeit als wertvolle Eigenschaften.

Schlussfolgerung

Werteorientierte Führung und Teamansatz sind Schlüssel zum Erfolg, besonders in Phasen des schnellen Wachstums oder großer Veränderungen.

Fallstudie: Vom Kollegen zum Chef

Vom Kollegen zum Chef - wie der Spagat zum erfolgreichen Unternehmer gelingt

Hintergrundinformationen

Das Unternehmen wurde im Jahr 1954 als Familienbetrieb gegründet, ursprünglich als Küchen- und Ofengeschäft von der Großmutter. In den 70er Jahren erfolgte durch den Vater die Umwandlung in einen Gardinen- und Raumausstattungsbetrieb, der sich in bester Lage der Stadt befand. Anfang der 2000er Jahre übernahm Mario den Betrieb als Raumausstatter-Meister und führte eine umfassende Neuausrichtung als Dienstleistungs- und Handwerksunternehmen durch, während sein Vater den verdienten Ruhestand antrat. Was einst mit nur 2 Mitarbeitenden und einem Gesellen begann, entwickelte sich bis zum Jahre 2020 zu einem hochmotivierten Team von 12 Fachkräften.

Dienstleistungen und Referenzen:
Das Unternehmen bot ein umfassendes Angebot an Dienstleistungen im Bereich Raumgestaltung, einschließlich Bodenbelägen, Teppichen und Wohnartikeln. Ebenso wurde großer Wert auf professionelle Beratung gelegt. Der Raumausstatter erlangte Bekanntheit durch seine Verwendung hochwertigster Materialien und die Ausführung auf höchstem handwerklichem Niveau. Es hatte die Ehre, für anspruchsvolle Kunden tätig zu sein, darunter die Ausstattung der Sitzungssäle des Bundesgerichtshofs, Arbeiten unter strengen Sicherheitsbedingungen in der Privatwohnung des Generalbundesanwalts, die Gestaltung eines Schlosses sowie sogar Projekte für einen Zirkus.

Die Expertise des Unternehmers:
Mario ist ein vielseitiger Unternehmer, der Kunden aus verschiedenen Branchen bedient. Er bietet zudem umfassende Beratungsdienste an. Er geht auf die individuellen Bedürfnisse seiner Kunden ein und arbeitet eng mit ihnen zusammen, um maßgeschneiderte Lösungen zu finden.

Durch seine Rolle als Direktor eines internationalen Unternehmernetzwerkes verfügt Mario über ein tiefes Verständnis für geschäftliche Anforderungen.

Das Motto der Organisation: »Werteorientiert agieren!"

Die fast schon vergessene Handschlagqualität sowie der Austausch und das Verhandeln auf Augenhöhe – dafür stehen die beteiligten Unternehmer und haben damit Erfolg.

Die Herausforderungen im Unternehmen

Mario stand vor einer Reihe von Herausforderungen, die sich in persönliche und geschäftliche Schwierigkeiten aufgliedern lassen. Geschäftlich hatte er eine entspannte und kollegiale Unternehmenskultur etabliert. Dies führte jedoch zu einer Verschmelzung von Rollen, in der die Grenzen zwischen Vorgesetztem und Mitarbeitenden oft verschwammen. Zum Beispiel, wenn ein Mitarbeitender auf einer Baustelle auf ein unerwartetes Problem stieß, wie etwa einen Konstruktionsfehler oder Materialmängel, rief dieser Mario direkt an, unabhängig von der Uhrzeit. Mario sah sich dann gezwungen, persönlich auf die Baustelle zu gehen, um die Situation zu klären.

Diese dauernden Unterbrechungen hatten mehrere negative Konsequenzen. Erstens raubten sie ihm die Zeit, die er für strategische Planung und Führungsaufgaben benötigte. Dies führte oft zu langen Arbeitstagen, die regelmäßig 16 Stunden erreichten, und sogar zu Arbeit am Wochenende. Zweitens wurde dadurch das Problem- und Entscheidungsmanagement ineffizient, da Mario sich mit operativen Fragen befassen musste, die eigentlich von mittlerem Management oder den Mitarbeitenden selbst hätten gelöst werden können.

Mit der zunehmenden Größe des Unternehmens verschärfte sich dieses Problem. Waren es anfangs nur ein oder zwei Baustellen, die seine Aufmerksamkeit erforderten, so stieg die Anzahl mit der Zeit. Mario erkannte, dass diese Vorgehensweise nicht nachhaltig war. Seine Doppelrolle als «Kollege» und Geschäftsführer behinderte ihn darin, das Unternehmen effizient zu leiten und gleichzeitig eine skalierbare Wachstumsstrategie zu verfolgen.

In diesem Zusammenhang wurde ihm bewusst, dass eine deutliche Abgrenzung seiner Rolle als Geschäftsführer unerlässlich war. Er müsste sich aus dem operativen Tagesgeschäft zurückziehen, um strategische Entscheidungen treffen und das Unternehmen insgesamt effektiver führen zu können. Nur durch diese Neuausrichtung sah er eine Chance, seine Kompetenz als Führungskraft im Handwerkssektor unter Beweis zu stellen und sich langfristig erfolgreich zu etablieren.

Die Lösung: Vom Kollege zum Unternehmer entwickeln

Um seine Rolle als Führungskraft nachhaltig auszubauen, entschied sich Mario für ein intensives Coaching. Während dieses Prozesses wurde ihm bewusst, dass er einen Großteil seiner Zeit mit Aufgaben verbrachte, die eigentlich von seinen Mitarbeitenden erledigt werden sollten, die dies auch ohne Probleme konnten. Daher war es unerlässlich, Verantwortlichkeiten zu delegieren und das Vertrauen in seine Mitarbeitenden zu stärken.

Die eigentliche Herausforderung bestand nun darin, die Mitarbeitenden aktiv in diesen Veränderungsprozess einzubeziehen und ihnen zu verdeutlichen, dass Mario nun nicht mehr nur ein Kollege, sondern der Chef des Betriebs war. Dieser Schritt war für Mario nicht leicht, aber er sah ihn als unerlässlich an, um als Führungskraft im Handwerk erfolgreich zu sein.

Mario entschied sich, seinen Mitarbeitenden das Thema Verantwortung näherzubringen. Er begann damit, bei Fragen oder Problemen seitens der Belegschaft sein Team zu ermutigen, eigenmächtige Entscheidungen zu treffen, so als wäre er nicht erreichbar und es stellte sich heraus, dass dies eine gute Strategie war. Mit der Zeit wurden die ehemaligen Kollegen selbstsicherer und motivierter, da sie merkten, dass ihnen das Vertrauen in ihre Kompetenzen entgegengebracht wurde.

Nach und nach landeten immer weniger Angelegenheiten bei Mario, da die Mitarbeitenden in die Eigenverantwortung hineinwuchsen. Dieser schrittweise Übergang ermöglichte es nicht nur Mario, sich auf strategische Aufgaben zu konzentrieren, sondern förderte auch das Selbstvertrauen und die Kompetenz seiner Mitarbeitenden. Es zeigte, wie wichtig es ist, Verantwortung zu übertragen und Vertrauen in die Fähigkeiten des Teams zu haben, um als Führungskraft erfolgreich zu sein.

Auf die Bedürfnisse der Mitarbeitenden eingehen - Ein wichtiger Aspekt für junge Führungskräfte

Mario zeigte besonderes Augenmerk auf die Bedürfnisse und Anliegen seiner Mitarbeitenden. Er erkannte frühzeitig, dass das Wohlergehen und die Zufriedenheit seiner Belegschaft entscheidend für den Erfolg des gesamten Unternehmens waren. Sein Ansatz war geprägt von einem tiefen Verständnis für die individuellen Stärken und Fähigkeiten jedes Teammitglieds.

Ein bedeutsamer Aspekt in Marios Führungsphilosophie war es, aktiv auf die Wünsche und Talente seiner Mitarbeitenden einzugehen. Er führte Gespräche und fragte die einzelnen Teammitglieder nach ihren persönlichen Interessen und Fähigkeiten. Dadurch eröffnete er ihnen die Möglichkeit, in andere Bereiche des Unternehmens hineinzuschnuppern, die besser zu ihren individuellen Stärken passten. Diese Flexibilität und das Angebot neuer beruflicher Chancen förderten nicht nur die individuelle Weiterentwicklung, sondern stärkten auch den Teamgeist und die Loyalität gegenüber dem Unternehmen.

Die Ergebnisse

Teamwork als Schlüssel zum Erfolg. Mario gab schließlich seinem inzwischen sehr gut eingespielten Team freie Hand bei der Bearbeitung von Projekten. Lediglich die Deadlines sollten eingehalten werden. Das funktionierte reibungslos, da die Belegschaft nun selbst ihre Arbeitszeiten dem Auftragsvolumen und den Terminen anpasste. So war es auch kein

Thema, Überstunden zu fahren oder auch mal ganz früh auf der Baustelle zu erscheinen, um die Aufträge rechtzeitig abzuschließen.

Das Belohnungssystem - Erfolge gemeinsam feiern

Obwohl Mario nun von allen Mitarbeitenden als Führungsperson anerkannt wurde, blieb der menschliche, kollegiale Umgang nicht auf der Strecke und so ließ er es sich nicht nehmen, auch ab und zu mal mit einem Frühstück auf der Baustelle zu erscheinen, oder mit dem ganzen Team nach Feierabend einen gemütlichen Umtrunk zu veranstalten.

Wichtig war immer der Umgang auf Augenhöhe. So brachte er jedem gleichermaßen Respekt und Wertschätzung entgegen, ganz egal ob AZUBI oder Meister. Die AZUBIs wurden von ihm besonders motiviert, gute Leistungen zu bringen und so machte er ihnen das durch ein besonderes Belohnungssystem schmackhaft, indem er besondere Team-Events in Aussicht stellte. Das ermutigte die anderen Mitarbeitenden ihrerseits, sich aktiv mit darum zu bemühen, dass die AZUBIs gut abschnitten, denn jeder konnte am Ende von diesem Erfolg profitieren.

Wirkung im Außen

Marios vorbildlicher Führungsstil führte zum Erfolg des Unternehmens und er wurde auch im Außen als beliebter Arbeitgeber angesehen. Während in der Branche der Fachkräftemangel beklagt wurde, konnte er sich über Bewerbungen von hochqualifiziertem Personal nicht beschweren. Und natürlich brachte dies ihm auch die Hochkaräter im Kundenkreis ein, von denen eingangs bereits berichtet wurde.

Kaum Mitarbeitendenfluktuation

In seinen 20 Jahren als Unternehmer kann Mario stolz darauf zurückblicken, dass er im Grunde keine Mitarbeitende verloren hat, die aufgrund seiner Führungsqualitäten das Unternehmen verlassen haben. Die Gründe waren eher privater oder persönlicher Natur, wie beispielsweise berufliche Veränderung, Eintritt in die Selbständigkeit im Raumausstatter Bereich oder Wegzug.

Heutige Situation des Unternehmens

Einen schwerwiegenden Wendepunkt in der Geschichte des Unternehmens brachte der Entschluss Marios, seinen Betrieb zu verkaufen. Im Jahr 2021 ging der Betrieb an seinen Nachfolger über. Damit änderte sich alles. Die gesamte Struktur wurde aufgelöst. Der neue Chef war sehr distanziert und es herrschte, ganz unüblich im Handwerk, plötzlich eine Siez-Kultur. Für die Mitarbeitenden war das eine neue und fremde Situation. Es mussten plötzlich Werkzeug Überlassungsverträge unterschrieben werden, bei denen die Mitarbeitenden bei Beschädigung oder Verlust aus eigener Tasche für die Kosten aufkommen würden und auch sonst wurde das ganze wertebasierte Führungssystem, was Mario so voller Herzblut aufgebaut hatte über den Haufen geworfen. Sie fühlten sich plötzlich kontrolliert, bevormundet und von oben herab behandelt. Ebenso wurde ihnen kein Vertrauen entgegengebracht. Auf Führungsebene gab es kein Verständnis und kein Gehör für die Angelegenheiten des Teams, weil der Chef für die Mitarbeitenden schlichtweg oft einfach gar nicht erreichbar war.

Die Konsequenzen schlechter Führung

Es kam, was kommen musste: Nach und nach verließ ein Mitarbeitender nach dem anderen das Unternehmen, weil Frust und Unmut die Oberhand übernahmen. All dies, weil die neue Führungskultur einfach das ganze Betriebsklima vergiftete. Natürlich sprach sich das auch im Kundenkreis herum und die Auftragslage brach dramatisch ein. Im März 2023 meldete das Unternehmen schließlich Insolvenz an. So ging ein erfolgreiches Familienunternehmen, das mit viel Herzblut in den 1950er Jahren gegründet wurde und sich im Laufe der Jahre zu einem führenden Top-Player in der Branche entwickelt hat in weniger als zwei Jahren in die Brüche.

Was Mario jungen Führungskräften mitgeben möchte

- **Transformation vom Kollegen zur Führungskraft**

Der Übergang von einem kollegialen Verhältnis zu seinen Mitarbeitenden hin zur klaren Rolle als Führungskraft war eine Herausforderung für Mario. Dies verdeutlicht, dass es entscheidend ist, als Führungskraft klare Grenzen zu setzen, um die Balance zwischen Führungsverantwortlichkeiten und persönlichen Beziehungen zu wahren.

- **Delegieren und Vertrauen stärken**

Mario erkannte die Notwendigkeit, Aufgaben zu delegieren und seinen Mitarbeitenden zu vertrauen. Dies ist eine Schlüsselerkenntnis für junge Führungskräfte: Vertrauen in das Team und Delegieren von Aufgaben sind unerlässlich, um die Arbeitsbelastung zu verteilen und das Team zu stärken.

- **Bedürfnisse der Mitarbeitenden erkennen**

Das Eingehen auf individuelle Bedürfnisse und Fähigkeiten der Mitarbeitenden förderte ihre Zufriedenheit und Leistungsbereitschaft. Junge Führungskräfte sollten verstehen, dass jede Person individuell ist und verschiedene Ansprüche und Talente hat. Ein effektiver Führungsstil berücksichtigt diese Unterschiede und schafft eine Umgebung, in der sich Mitarbeitende entfalten können.

- **Teamwork und Gemeinschaftsgefühl**

Marios Ansatz, Erfolge gemeinsam zu feiern und Respekt und Wertschätzung auf Augenhöhe zu fördern, ist entscheidend. Dies zeigt, dass ein starkes Teamwork und ein positives Betriebsklima essenziell sind, um langfristigen Erfolg zu sichern.

- **Katastrophale Auswirkungen schlechter Führung**

Der dramatische Fall des Unternehmens nach dem Wechsel der Führungskultur unterstreicht die fatale Wirkung einer schlechten Führung. Dies ist eine klare Warnung für junge Führungskräfte, wie eine inkonsistente, kontrollierende und nicht vertrauensvolle Führung letztendlich ein Unternehmen ruinieren kann.

Schlüsselerkenntnisse aus der Fallstudie

Die Fallstudie von Marios Unternehmen bietet kostbare Einsichten, insbesondere für junge Führungskräfte, über die entscheidende Bedeutung einer effektiven Führungsstruktur und die katastrophalen Auswirkungen einer schlechten Führung auf ein Unternehmen. Diese Fallstudie betont eindringlich, dass die Qualität der Führung direkten Einfluss auf den Erfolg eines Unternehmens hat. Sie unterstreicht, dass junge Führungskräfte:

- Klare Grenzen setzen müssen, um zwischen kollegialen Beziehungen und Führungsverantwortung zu unterscheiden. Die Transformation von einem Kollegen zum Vorgesetzten erfordert klare Grenzen. Klare Kommunikation und Distanz, wenn nötig, sind unerlässlich, um die Balance zwischen persönlichen Beziehungen und Führungsverantwortung zu wahren.

- Vertrauen in das Team setzen und Aufgaben delegieren sollten, um die Arbeitsbelastung zu bewältigen und Mitarbeitende zu stärken. Delegieren von Aufgaben und das Vertrauen in die Fähigkeiten des Teams sind fundamentale Aspekte einer erfolgreichen Führung. Junge Führungskräfte müssen lernen, die Last zu verteilen und in ihre Mitarbeitenden zu investieren.

- Individuelle Bedürfnisse und Talente erkennen und berücksichtigen müssen, um ein motiviertes und engagiertes Team zu schaffen. Jedes Teammitglied ist individuell mit eigenen Stärken und Schwächen. Ein effektiver Führungsstil erkennt und würdigt diese Individualität, indem er Möglichkeiten zur beruflichen Weiterentwicklung und Entfaltung bietet.

- Teamwork und Gemeinschaftsgefühl fördern sollten, um ein positives Arbeitsumfeld zu schaffen, in dem alle Mitarbeitenden geschätzt und respektiert werden. Erfolgreiche Führungskräfte wissen, dass ein starkes Gemeinschaftsgefühl und Teamwork die Basis für Produktivität und Zufriedenheit am Arbeitsplatz bilden. Dies erfordert eine offene Kommunikation, Respekt und Anerkennung aller Mitarbeitenden.

- Die Katastrophe schlechter Führung verstehen müssen, um zu erkennen, dass ein respektloser, distanzierter Führungsstil katastrophale Folgen für das Unternehmen und das Team haben kann. Die tragische Geschichte des Unternehmens nach dem Wechsel der Führung verdeutlicht die verheerenden Konsequenzen, die eine schlechte Führung haben kann. Junge Führungskräfte sollten aus diesem Beispiel lernen, dass eine respektlose und kontrollierende Führungsweise das Betriebsklima vergiftet und das Unternehmen selbst in den Abgrund stürzen kann.

Eine erfolgreiche Führungskraft muss sensibel für die individuellen Bedürfnisse, Stärken und Ambitionen jedes Mitarbeitenden sein. Sie sollte eine Umgebung schaffen, in der ihre Teammitglieder ermutigt werden, ihre Potenziale zu erkennen und zu entfalten. Diese individuelle Betreuung trägt dazu bei, dass sich Mitarbeitende wertgeschätzt fühlen und motivierter sind, ihr Bestes zu geben.

In Anbetracht der aktuellen Dynamik in der Arbeitswelt, in der Mitarbeitende oft nach beruflicher Erfüllung und Weiterentwicklung streben, ist es für junge Führungskräfte entscheidend zu verstehen, dass die Mitarbeitendenbindung durch individuelle Aufmerksamkeit, Weiterbildungsmöglichkeiten und die Berücksichtigung ihrer individuellen Stärken gefördert wird. Dieses Bewusstsein und die Umsetzung entsprechender Maßnahmen können dazu beitragen, ein motiviertes und engagiertes Team zu schaffen, was langfristig den Erfolg des Unternehmens beeinflusst.

In einem immer komplexeren und dynamischen Geschäftsumfeld müssen junge Führungskräfte diese Grundprinzipien internalisieren, um eine nachhaltige, erfolgreiche Organisation zu führen. Eine effektive Führung ist nicht nur das Herzstück für den Unternehmenserfolg, sondern auch für das Wohlergehen und die Weiterentwicklung der Mitarbeitenden. Die Fallstudie von Marios Unternehmen verdeutlicht, dass die Qualität der Führung ein entscheidender Hebel für die Zukunftsfähigkeit eines Unternehmens ist und als solcher mit größter Sorgfalt behandelt werden muss.

Das Wichtigste in Kürze

Unternehmensgeschichte und Expertise

Das Unternehmen, ursprünglich 1954 als Familienbetrieb für Küchen- und Ofengeräte gegründet, hat sich im Laufe der Jahre zu einem angesehenen Dienstleistungs- und Handwerksunternehmen im Bereich Raumausstattung entwickelt. Unter der Leitung von Mario, einem vielseitigen Unternehmer, wuchs das Unternehmen zu einem Team von 12 Fachkräften heran und wurde bekannt für seine hohe Qualität und professionelle Beratung.

Herausforderungen

Mario stieß auf Herausforderungen, da die kollegiale Unternehmenskultur zu einer Verschmelzung der Rollen zwischen Vorgesetztem und Mitarbeiter führte. Dies beeinträchtigte die Effizienz und behinderte Mario bei der strategischen Unternehmensführung.

Lösungsansätze

Um sich als effektive Führungskraft zu etablieren, begann Mario, Aufgaben zu delegieren und den Mitarbeitenden mehr Verantwortung zu überlassen. Er führte ein Coaching-Programm durch, um sowohl sich selbst als auch sein Team zu schulen. Die Mitarbeitenden wurden ermutigt, eigenständige Entscheidungen zu treffen, was ihre Motivation und Kompetenz steigerte.

Ergebnisse und Führungsphilosophie

Mario schuf ein erfolgreiches, gut eingespieltes Team, das selbständig Projekte leiten konnte. Er legte Wert auf einen menschlichen, respektvollen Umgang und führte ein Belohnungssystem ein, das die Teamleistung steigerte. Die Fluktuation der Mitarbeitenden war gering, und das Unternehmen wurde als attraktiver Arbeitgeber wahrgenommen.

Der Wendepunkt und Konsequenzen

Nach dem Verkauf des Unternehmens im Jahr 2021 und dem Wechsel der Führungsstruktur brach das Unternehmen schließlich ein. Die neue Führungskultur führte zu Mitarbeitendenfluktuation, sinkenden Aufträgen und schließlich zur Insolvenz im Jahr 2023.

Schlüssellehren für junge Führungskräfte

Klare Rollenabgrenzung zwischen Kollegen und Vorgesetztem ist entscheidend.

Aufgaben sollten delegiert und Vertrauen in das Team gestärkt werden.

Eingehen auf individuelle Bedürfnisse der Mitarbeitenden fördert ihr Engagement.

Ein respektvoller und wertschätzender Führungsstil ist essentiell für den Unternehmenserfolg.

Schlechte Führung kann katastrophale Auswirkungen haben.

Abschließende Erkenntnisse

Die Fallstudie zeigt eindrücklich, wie entscheidend eine gute Führung für den langfristigen Erfolg eines Unternehmens ist und betont, dass junge Führungskräfte diese Grundprinzipien internalisieren sollten.

[1] *www.kununu.com/*

Fallstudie:

Führen auf Augenhöhe

MARC FUCHS
Geschäftsführer der Streit Service & Solution GmbH & Co. KG
www.streit.de

Hintergrundinformationen

Das Unternehmen zählt insgesamt 300 Mitarbeitende, die im Hauptunternehmen sowie in dessen Schwestergesellschaften tätig sind. Gegründet wurde es im Jahre 1951 in Hausach/Kinzigtal (Schwarzwald). Die Wachstumsstrategie des Unternehmens umfasst sowohl organisches als auch anorganisches Wachstum. Das Unternehmen ist auf Büroeinrichtung, Bürobedarf und Bürotechnik spezialisiert. Es positioniert sich als Multispezialist in diesen Bereichen und bietet nicht nur Produkte, sondern auch Dienstleistungen und Serviceangebote rund um das Thema Büro an.

Die Herausforderungen im Unternehmen

Die zentrale Herausforderung, mit der das Unternehmen konfrontiert war, bestand darin, hochqualifizierte Fachkräfte im Bereich Büro zu gewinnen und langfristig zu binden. Diese Aufgabe war in vielerlei Hinsicht anspruchsvoll, insbesondere angesichts des wettbewerbsintensiven Umfelds im Schwarzwald, das als Standort für eine Vielzahl leistungsstarker Unternehmen bekannt ist.

Zusammenfassend stand das Unternehmen vor folgenden Herausforderungen:

Herausforderung 1: Wettbewerbsintensives Umfeld

Die Region Schwarzwald ist bekannt für ihre idyllische Landschaft, aber auch für ein enges und wettbewerbsintensives Unternehmensumfeld. Besonders im Bürobereich wird die Suche nach hochqualifizierten Mitarbeitenden zu einer komplexen Herausforderung. Mehrere Unternehmen in der Region konkurrieren um die gleichen Talente, was nicht nur den Wettbewerbsdruck erhöht, sondern auch die Kosten für Recruitment und Personalbindung in die Höhe treibt.

Kernprobleme:

- Talentmangel: Der Arbeitsmarkt für hochqualifizierte Bürokräfte ist begrenzt. Das Angebot kann die Nachfrage oft nicht decken.
- Hohe Fluktuation: Aufgrund der vielen Optionen für Arbeitnehmende besteht die Gefahr, dass Mitarbeitende zu einem Konkurrenzunternehmen wechseln.
- Steigende Kosten: Der Wettbewerb um Talente führt oft zu höheren Gehältern, Prämien und anderen finanziellen Anreizen, die die Betriebskosten erhöhen.
- Markenreputation: Ein Mangel an qualifizierten Arbeitskräften kann dazu führen, dass Projekte nicht termingerecht oder in der gewünschten Qualität abgeschlossen werden, was sich negativ auf die Unternehmensreputation auswirken kann.

Herausforderung 2: Notwendigkeit der Positionierung als attraktiver Arbeitgeber

In der zunehmend wettbewerbsintensiven Arbeitswelt ist es unerlässlich, sich nicht nur als starkes, sondern auch als attraktives Unternehmen zu präsentieren. Die Positionierung als attraktiver Arbeitgeber geht weit über das Anbieten von wettbewerbsfähigen Gehältern hinaus. Sie umfasst ein ganzes Spektrum an Faktoren, von der Unternehmenskultur bis hin zu Mitarbeitendenleistungen, die dazu beitragen, qualifizierte Talente anzuziehen und zu halten.

Kernprobleme:

- Unternehmenskultur: Eine nicht attraktive oder toxische Unternehmenskultur kann talentierte Mitarbeitende abschrecken oder bestehende Mitarbeitende zum Weggang bewegen.
- Arbeitsbedingungen: Unflexible Arbeitszeiten, fehlende Möglichkeiten zur beruflichen Weiterentwicklung oder unzureichende Benefits können die Attraktivität des Unternehmens mindern.
- Wettbewerb: Andere Unternehmen bieten möglicherweise bessere Konditionen oder sind bereits als attraktive Arbeitgeber etabliert.
- Markenimage: Ein schlechter Ruf oder negative Bewertungen auf Plattformen wie kununu[1] können die Anziehungskraft des Unternehmens beeinträchtigen.

Herausforderung 3: Qualifikation und Spezialisierung

In Büroarbeitsumfeldern wird zunehmend Wert auf hochqualifizierte Fachkräfte mit spezialisiertem Know-how und Fähigkeiten gelegt. Die Schwierigkeit liegt darin, diese Qualifikationen präzise zu identifizieren und sicherzustellen, dass die Belegschaft über die benötigten Fähigkeiten verfügt, um anspruchsvolle und oft spezialisierte Aufgaben erfolgreich auszuführen.

Kernprobleme:

- Qualifikationslücke: Häufig gibt es eine Diskrepanz zwischen den Fähigkeiten, die Mitarbeitende mitbringen, und den tatsächlichen Anforderungen der Arbeit.
- Kompetenzmangel: Der Bedarf an Spezialisierung kann es erschweren, geeignete Kandidaten zu finden, die alle notwendigen Qualifikationen erfüllen.
- Anpassungsfähigkeit: Technologische Veränderungen und sich schnell wandelnde Marktbedingungen erfordern kontinuierliche Weiterbildung und Anpassung.
- Kosten und Zeit: Die Schulung von Mitarbeitenden in speziellen Fähigkeiten kann sowohl zeit- als auch kostenintensiv sein.

Herausforderung 4: Bindung der Talente

Die Gewinnung von qualifizierten Fachkräften stellt viele Unternehmen bereits vor eine große Herausforderung. Doch das ist nur die halbe Miete. Die langfristige Bindung dieser Talente ist ein ebenso kritischer Faktor, um Kontinuität und Expertise im Unternehmen zu gewährleisten.

Kernprobleme:

- Fluktuation: Der Abgang von Fachkräften kann erhebliche Lücken in Projekten und Abläufen hinterlassen und somit Kosten und Zeit in Anspruch nehmen.

- Know-how-Verlust: Die Fluktuation von Talenten kann dazu führen, dass wertvolles Fachwissen aus dem Unternehmen abfließt.

- Mitarbeitendenzufriedenheit: Unzufriedene Mitarbeitende sind weniger produktiv und können die Moral im gesamten Team beeinträchtigen.

- Wettbewerb: Andere Unternehmen sind ebenfalls auf der Suche nach denselben Talenten und bieten möglicherweise bessere Konditionen.

Die Herausforderungen in Bezug auf die Rekrutierung und Bindung von qualifizierten Fachkräften im Bürobereich waren komplex und erforderten eine gezielte Strategie, um diesen Anforderungen gerecht zu werden. Die erfolgreiche Bewältigung dieser Herausforderungen war jedoch entscheidend für das langfristige Wachstum und den Erfolg des Unternehmens.

Die Lösung: Die Mitarbeitenden in den Mittelpunkt rücken

Die Schaffung einer guten Reputation war von zentraler Bedeutung. Um jüngere Fachkräfte anzusprechen, wurden Flexibilität, modernes Unternehmertum, eine positive Unternehmenskultur und eine inspirierende Arbeitsumgebung als zentrale Kriterien identifiziert. Dabei stand nicht nur quantitative Expansion im Fokus, sondern vor allem die Schaffung einer qualitativ hochwertigen Arbeitsumgebung. Es ging darum, Räumlichkeiten zu schaffen, in denen die Mitarbeitenden sich wohlfühlen und ihre Kreativität und Produktivität ausleben können. Das Unternehmen sieht die eigene Arbeitswelt als Kulturtankstelle für seine Mitarbeitenden und hat ein funktionierendes Konzept rund um die neue anlog und digitale hybride Arbeitswelt entwickelt. Mitarbeitende sollen intrinsisch motiviert, freiwillig und gerne in die Arbeitswelt kommen.

Im Jahr 2012 erfolgte eine Neuausrichtung des Unternehmens, bei der die Geschäftsleitung voll und ganz hinter den Veränderungen stand. Gleichbehandlung aller Mitarbeitenden war ein grundlegendes Prinzip, wobei jeder denselben Arbeitsplatz nach dem Prinzip der offenen Tür hatte.

Lösungsansätze: Mehr als nur Richtlinien - Eine geteilte Vision
Die Unternehmensführung legt besonderen Wert auf die essenzielle Rolle seiner Mitarbeitenden, die als «Mitstreiter» bezeichnet und als treibende Kraft des Unternehmenserfolgs angesehen werden. Es war von grundlegender Bedeutung, diese Mitstreiter in den Mittelpunkt des Unternehmens Geschehens zu stellen. Dabei wurden vielfältige Maßnahmen ergriffen:

Vision und Mission: Schaffung eines Leitbildes
In einem partizipativen Prozess mit den Mitarbeitenden wurde eine Unternehmensvision entwickelt, die nicht nur angenommen, sondern aktiv mitgestaltet wurde. Diese Vision wurde zur Mission des Unternehmens, die den Grundstein für das Handeln und die Ausrichtung legte. Aus dieser Mission wurde ein Leitbild entwickelt, welches die essenziellen Unternehmenswerte verkörpert und gleichzeitig klare Führungsleitlinien festlegt.

Klare Leitlinien
Die Leitlinien, die das Herzstück der Unternehmenskultur ausmachen, bestehen aus fünf Säulen: Glaubwürdigkeit, Respekt, Fairness, Teamorientierung und Stolz. Diese Säulen dienten als Orientierungspunkte, um zu verdeutlichen, wie das Unternehmen geführt und geleitet werden sollte. Jede neue Führungskraft wurde intensiv mit diesem Leitbild vertraut gemacht und ermutigt, die Werte des Unternehmens aktiv zu leben und in ihrem Team zu verankern.

Authentisches Auftreten
Eine Besonderheit war die klare Erwartung an alle Mitarbeitenden, unabhängig von ihrer Position in der Hierarchie, authentisch aufzutreten. Dies bedeutete, dass Ehrlichkeit und Transparenz grundlegende Prinzipien waren. Der Unternehmensslogan «Mitstreiter sagen, was sie denken und tun das, was sie sagen» unterstrich diese Kultur des offenen Austauschs und der konsequenten Umsetzung von Vereinbarungen.

Anwendung der Multiplikator-Methode und Führungsleitlinien:
Um sicherzustellen, dass die Unternehmensvision und -werte von allen Mitarbeitenden gelebt wurden, wurde die Multiplikator-Methode angewandt. Hierbei wurden Führungsleitlinien und ein Verhaltenskodex entwickelt, die unmittelbar aus der Vision des Unternehmens abgeleitet waren. Diese Richtlinien bildeten den Rahmen für das gewünschte Verhalten auf allen Ebenen des Unternehmens. Ziel war es, dass jeder Mitarbeitende diese Leitlinien verinnerlichte und in seinem täglichen Arbeitsumfeld anwendete.

Kultur-Audit und Maßnahmen:
Das Unternehmen unterzog sich einem gründlichen Kultur-Audit, bei dem es als exzellent bewertet wurde. Als Reaktion darauf wurden über 400 kulturelle Maßnahmen implementiert. Diese Maßnahmen umfassten eine Vielzahl von Aspekten, darunter wöchentliche Team-Meetings zur Förderung des Austauschs und der Zusammenarbeit, interne Podcasts, die Einblicke in Unternehmensstrategien und Dienstleistungen gaben, und Motivation zur Beteiligung der Mitarbeitenden an der

Unternehmensentwicklung. Das Unternehmen engagierte sich dafür, eine Arbeitsumgebung zu schaffen, die von Respekt, Offenheit und positiver Energie geprägt ist

Kommunikationsprinzip:
Um eine effektive Kommunikation sicherzustellen, wurden wöchentliche Start-Meetings eingeführt, in denen aktuelle Aufgaben und Projekte besprochen wurden. Dies förderte die Transparenz und ermöglichte es den Mitarbeitenden, sich aktiv am Geschehen des Unternehmens zu beteiligen. Zusätzlich erhielten Führungskräfte spezielle Schulungen und Workshops, um ihre Kommunikationsfähigkeiten zu verbessern und die Unternehmensvision und -werte effektiv zu vermitteln.

SOUL-Botschafter:
Um die aktive Implementierung der Leitbildthemen in den Teams zu gewährleisten, wurden in jeder Gruppe «SOUL-Botschafter» eingesetzt. SOUL steht dabei für das Streit-Organisations- und Unternehmens-Leitbild, das als die «Seele» des Unternehmens betrachtet wird. Diese Personen waren verantwortlich für die Umsetzung der Leitbildthemen in ihrem jeweiligen Team. Sie trafen sich regelmäßig mit den Führungskräften, um Feedback und Vorschläge zur kontinuierlichen Verbesserung des Arbeitsumfelds zu besprechen. Die Soulbotschafter spielten eine entscheidende Rolle bei der Förderung einer positiven Unternehmenskultur und trugen dazu bei, dass die Unternehmensvision auf operativer Ebene gelebt wurde.

Neues Büro mit intelligentem Design:
Die Büroeinrichtung übt einen direkten, messbaren Einfluss auf Produktivität, Unternehmenskultur und Mitarbeitendenzufriedenheit aus. Insbesondere das Konzept des offenen und gleichberechtigten Büros hat sich als besonders effektiv herausgestellt. Dabei kommen funktionale und intelligente Möbel zum Einsatz, die die Kommunikation innerhalb der Belegschaft spürbar fördern. Ein intelligentes Design, das sowohl ergonomische als auch technologische Aspekte integriert, verbessert die Interaktionen zwischen den Mitarbeitenden nachweislich.

Maßgeschneiderte Möbel, die auf die Bedürfnisse der Mitarbeitenden abgestimmt sind, erhöhen nicht nur den Komfort und die Gesundheit der Belegschaft, sondern schaffen auch eine inklusive und gleichberechtigte Arbeitsatmosphäre. Offene Raumkonzepte haben tatsächlich zu einer Verkürzung der Kommunikationswege und einer erhöhten Transparenz im Team beigetragen. Zusätzlich haben funktionale Möbel, wie beispielsweise höhenverstellbare Tische und akustische Raumteiler, die Flexibilität im Arbeitsprozess erhöht und somit die Zufriedenheit der Mitarbeitenden gesteigert.

Zusammenfassend ist die Büroeinrichtung ein unverzichtbarer Faktor bei der Schaffung einer positiven Unternehmenskultur und hoher Mitarbeitendenzufriedenheit. Sie hat aktiv zu den beeindruckenden Erfolgen des Unternehmens beigetragen. Junge Führungskräfte sollten daher die Büroeinrichtung als zentralen Bestandteil ihrer Strategien zur Talentbindung und -entwicklung einsetzen.

Die Ergebnisse

Die Neuausrichtung und die konsequente Ausrichtung auf die Mitarbeitenden sowie die Schaffung einer positiven Unternehmenskultur haben zu beeindruckenden Erfolgen geführt, die das Unternehmen zu einem der beliebtesten Arbeitgeber in Baden-Württemberg und einem Branchenführer gemacht haben. Hier sind die Haupterfolge:

- Erreichen der Wachstumsziele und Umsatzverdoppelung: Seit der Umstrukturierung hat sich der Umsatz des Unternehmens verdoppelt. Dies spiegelt die erhöhte Produktivität und das Engagement der Mitarbeitenden wider, die durch die diversen Maßnahmen motiviert wurden.

- Niedrige Mitarbeitendenfluktuation und lange Betriebszugehörigkeit: Die Maßnahmen zur Mitarbeitendenbindung haben Früchte getragen. Das Unternehmen verzeichnet eine sehr niedrige Fluktuation und viele Mitarbeitenden können auf eine lange Betriebszugehörigkeit zurückblicken.

- Auszeichnung als «Great Place to Work»: Das Unternehmen wurde mehrfach für seine hervorragende Unternehmenskultur und Mitarbeitendenzufriedenheit ausgezeichnet. Dies bekräftigt seine Position als einer der besten Arbeitgeber in Baden-Württemberg.

- Hochqualifizierte Talente leichter gewonnen und gebunden: Trotz des intensiven Wettbewerbs und des schwierigen Umfelds hat das Unternehmen es geschafft, Spitzenkräfte nicht nur anzuziehen, sondern auch langfristig an sich zu binden.

- Höhere Mitarbeitendenmotivation und Engagement: Die positiven Veränderungen in der Bürogestaltung und der Unternehmenskultur haben dazu geführt, dass sich die Mitarbeitenden stärker in das Unternehmen einbringen und engagierter bei der Arbeit sind.

- Branchenführerschaft: Durch die Kombination aller dieser Faktoren hat sich das Unternehmen in seiner Branche als führend etabliert, was sowohl dem Marktwert als auch dem Ansehen des Unternehmens zugutekommt.

- Transparente und effiziente Kommunikation: Die Einführung eines offenen und gleichberechtigten Bürokonzepts hat die interne Kommunikation verbessert, was in schnelleren Entscheidungsfindungsprozessen und einer verbesserten Zusammenarbeit resultiert.

Diese Erfolge sind das Ergebnis einer umfassenden, auf die Mitarbeitenden ausgerichteten Strategie, die von der Unternehmensleitung konsequent umgesetzt wurde. Junge Führungskräfte können aus dieser Fallstudie lernen, wie wichtig eine integrierte Herangehensweise an Personalführung, Unternehmenskultur und strategische Planung ist.

Was Marc Fuchs jungen Führungskräften mitgeben möchte

Diese Fallstudie wirft ein helles Licht auf essenzielle Prinzipien, die für junge Führungskräfte, die auf dem Weg sind, ein Unternehmen erfolgreich zu leiten, von entscheidender Bedeutung sind. Hier sind die ausführlichen Aspekte, die junge Führungskräfte mitnehmen können, um eine florierende Führungskultur zu etablieren:

1. **Mitarbeitendenzentrierter Ansatz:** Engagement und Zufriedenheit fördern

Stelle die Mitarbeitenden konsequent ins Zentrum deiner Unternehmensstrategie. Anerkennung und Wertschätzung ihrer Leistungen sowie ein besonderes Augenmerk auf ihre Zufriedenheit sind entscheidend. Ein motiviertes Team ist der Antriebsmotor für Erfolg.

2. **Gemeinschaftliche Vision und Werte:** Einbindung schafft Identifikation

Die Entwicklung einer gemeinsamen Unternehmensvision ist ein partizipativer Prozess. Sie sollte von allen Mitarbeitenden akzeptiert und gelebt werden können. Klare, gemeinsam definierte Unternehmenswerte bilden das Fundament dieser Vision. Das schafft Identifikation und ein gemeinsames Ziel.

3. **Authentizität und Offenheit:** Vertrauen und Transparenz schaffen

Authentisches Auftreten auf allen Ebenen der Hierarchie ist ein Schlüsselfaktor. Es schafft ein Klima des Vertrauens, in dem Mitarbeitende sich offen äußern können. Offene Kommunikation und Transparenz tragen dazu bei, ein starkes Gefühl der Zugehörigkeit zu schaffen.

4. **Kommunikation und Kultur:** Investition in das Herzstück der Unternehmenskultur

Kommunikation ist das Herzstück jeder erfolgreichen Unternehmenskultur. Regelmäßige, offene Kommunikation fördert das Engagement und die Identifikation der Mitarbeitenden. Investiere bewusst in eine positive Unternehmenskultur, um ein Umfeld zu schaffen, in dem sich deine Teams wohl und anerkannt fühlen.

5. **Mitarbeitendenpartizipation:** Einbeziehen in den Entscheidungsprozess

Einbindung der Mitarbeitenden in Entscheidungen ist nicht nur wertschätzend, sondern auch klug. Biete Plattformen, auf denen sie aktiv an der Gestaltung der Unternehmenskultur teilhaben können. Diese Mitbestimmung schafft ein Gefühl von Verantwortlichkeit und fördert das Engagement.

6. **Anerkennung und Wertschätzung:** Ein Klima des Stolzes erschaffen

Zeige Anerkennung und Wertschätzung für die individuellen und kollektiven Beiträge deiner Mitarbeitenden. Dies schafft ein Klima des Stolzes und fördert den Zusammenhalt. Ein geschätzter Mitarbeitender ist ein engagierter Mitarbeitender.

7. **Kontinuierliche Weiterentwicklung:** Möglichkeiten für individuelles Wachstum bieten

Biete deinen Mitarbeitenden Möglichkeiten zur Weiterentwicklung an. Dies kann in Form von Schulungen, Coaching oder speziellen Projekten geschehen. Individuelle Stärken und Interessen sollten gefördert werden, um die Motivation und Bindung der Mitarbeitenden zu steigern.

Diese Schlüsselerkenntnisse aus der Fallstudie bieten jungen Führungskräften einen klaren Fahrplan zur Etablierung einer erfolgreichen

Führungskultur in ihren Unternehmen. Durch die Umsetzung dieser Prinzipien können sie nicht nur die Produktivität und Effizienz steigern, sondern auch eine Arbeitsumgebung schaffen, in der Mitarbeitende ihr volles Potenzial entfalten können. So können sie eine nachhaltige Grundlage für den langfristigen Erfolg des Unternehmens legen.

Schlüsselerkenntisse aus der Fallstudie

Ein entscheidendes Schlüsselelement dieser Fallstudie ist die Anerkennung der Mitarbeitenden als die treibende Kraft des Unternehmenserfolgs. Diese Perspektive ist wegweisend für junge Führungskräfte. Indem sie die Menschen in den Mittelpunkt ihrer Führungsstrategie stellen und eine Arbeitsumgebung schaffen, die auf Respekt, Fairness und Teamorientierung basiert, können sie eine Kultur des Engagements und der Zusammenarbeit kultivieren.

Die gemeinsame Entwicklung einer Unternehmensvision zusammen mit den Mitarbeitenden war ein weiterer kluger Schritt. Dies schaffte eine starke Einheit und führte zu einem Leitbild, das nicht nur die Unternehmensziele, sondern auch die individuellen Werte und Überzeugungen der Belegschaft widerspiegelte. Dieses partizipative Vorgehen stärkte das Commitment der Mitarbeitenden zur Vision und förderte ihre Identifikation mit dem Unternehmen.

Die Betonung von Authentizität, unabhängig von der Hierarchie, war ein weiterer Erfolgsfaktor. Dies förderte eine Kultur des offenen Austauschs und der konstruktiven Kritik. In einem solchen Umfeld fühlen sich Mitarbeitende ermutigt, ihre Meinung zu äußern, was zu Innovation und kontinuierlicher Verbesserung führt.

Fazit:
Die vielfältigen Maßnahmen zur Kommunikation und Weiterentwicklung der Mitarbeitenden, angefangen bei wöchentlichen Start-Meetings bis hin zu speziellen Schulungen für Führungskräfte, unterstreichen die Bedeutung, kontinuierlich in die Entwicklung der Belegschaft zu investieren. Die Schaffung von speziellen Rollen wie «Soulbotschafter», die als Verbindungsglieder zwischen Mitarbeitenden und Führungskräften fungieren, stärkt zudem den Dialog und fördert den Austausch von Ideen.

Ein entscheidendes Ergebnis dieser Strategien war der beeindruckende Unternehmenserfolg von Umsatzverdopplung, geringer Fluktuation und mehrfacher Auszeichnung als «Great Place to Work». Die Fallstudie demonstriert weiter, dass eine auf Wertschätzung und Engagement basierende Unternehmenskultur nicht nur positive Auswirkungen auf die Mitarbeitenden hat, sondern auch die Wettbewerbsfähigkeit und langfristige Nachhaltigkeit des Unternehmens stärkt.

Insgesamt zeigt die Fallstudie, dass eine Führung auf Augenhöhe, die Mitarbeitende als essenziellen Erfolgsfaktor anerkennt und in ihre Entwicklung investiert, nicht nur ethisch richtig ist, sondern auch geschäftlichen Erfolg bringt. Junge Führungskräfte sollten sich von diesem Beispiel inspirieren lassen, um eine Arbeitsumgebung zu schaffen, in der sich ihre Mitarbeitenden voll entfalten können, was letztendlich zu einem florierenden Unternehmen führt.

DAS WICHTIGSTE IN KÜRZE

Hintergrundinformationen

- Das Unternehmen wurde 1951 gegründet und hat 300 Mitarbeitende.
- Es ist spezialisiert auf Büroeinrichtung, Bürobedarf und Bürotechnik.
- Standort ist im Schwarzwald, bekannt für ein wettbewerbsintensives Unternehmensumfeld.

Herausforderungen

- Wettbewerbsintensives Umfeld: Schwierigkeit, qualifizierte Fachkräfte zu gewinnen, hohe Fluktuation und steigende Kosten.
- Positionierung als attraktiver Arbeitgeber: Bedeutung von Unternehmenskultur, Arbeitsbedingungen und Markenimage.
- Qualifikation und Spezialisierung: Diskrepanz zwischen benötigten und vorhandenen Fähigkeiten.
- Bindung der Talente: Know-how-Verlust und Mitarbeitendenzufriedenheit sind wichtige Faktoren.

Lösungsansätze

- Betonung einer guten Unternehmenskultur und flexibler Arbeitsbedingungen.
- Entwicklung einer klaren Unternehmensvision und Leitlinien.
- Einführung von «SOUL-Botschaftern» zur Förderung der Unternehmenskultur.
- Investition in eine intelligente Büroeinrichtung zur Steigerung der Produktivität und Zufriedenheit.

Resultate

- Umsatzverdoppelung seit der Neuausrichtung.
- Niedrige Mitarbeitendenfluktuation.
- Auszeichnung als »Great Place to Work”.
- Erfolg in der Talentbindung.

Empfehlungen für junge Führungskräfte

- Mitarbeitendenzentrierter Ansatz.
- Entwicklung einer gemeinschaftlichen Vision und Werte.
- Authentizität und Offenheit.
- Investition in Kommunikation und Kultur.
- Anerkennung und Wertschätzung der Mitarbeitenden.
- Möglichkeiten für individuelle Weiterentwicklung bieten.

Schlussfolgerung

Die Fallstudie zeigt, dass eine gute Unternehmenskultur und Mitarbeitendentwicklung nicht nur ethisch richtig, sondern auch geschäftlich vorteilhaft sind.

Fallstudie:

Führen auf Augenhöhe

MARK WEHNER
Geschäftsführer, WEHNER Logistics GmbH & Co. KG

Hintergrundinformationen

Im März 2008 übernahm Mark Wehner den Betrieb seines Vaters, der ursprünglich als Promotionagentur begann. Doch Mark hatte eine größere Vision: Er wollte das Unternehmen in ein Logistikunternehmen umstrukturieren. So legte er noch im gleichen Jahr den Grundstein für das heutige E-Fulfillment Unternehmen mit über 65 Mitarbeitenden und mehreren Standorten. Im Jahr darauf schloss sich sein Bruder Jan an, der bis heute das operative Geschäft und die IT-Abteilung verantwortet.

Das Unternehmen wurde im März 2008 als Promotionagentur gegründet und begann ab 2009 den schrittweisen Übergang in den Logistikbereich. Im Jahr 2010 erfolgte die entsprechende Umgestaltung der IT-Infrastruktur. Aktuell beschäftigt das Unternehmen 65 Mitarbeitende, darunter 45 Festangestellte und einen gewissen Anteil an Zeitarbeitskräften, um die Flexibilität beim Onboarding zu gewährleisten.

Die Herausforderungen im Unternehmen

Die Umstrukturierung von einer Promotionagentur zu einem Logistikunternehmen war eine immense Herausforderung, da sie zunächst einmal erhebliche Investitionen erforderte. Als Übergangslösung wurde der alte Firmenname vorerst beibehalten, um mögliche Umsatzeinbußen abzufedern. Erst 2017 erfolgte dann die Veröffentlichung des heutigen Unternehmensnamens.

Eine weitere Herausforderung bestand in der Notwendigkeit einer belastbaren Infrastruktur, insbesondere im Bereich Logistik. Es war entscheidend, eine Systemlandschaft aufzubauen, die die Vision des Unternehmens tatsächlich umsetzen konnte. Diese Entwicklung erfolgte zum einen im Zuge der Namensänderung. Ebenso wurde ein vollständig neues Unternehmens- und Serviceportfolio benötigt.

Eine der Hauptzielsetzungen war es, ein exzellenter E-Commerce Fullfiller zu werden. Dabei war es wichtig, die Mitarbeitenden kontinuierlich in die Arbeit an dieser Zielsetzung einzubeziehen. Ein schneller, aber sanfter Strategiewechsel war erforderlich. Strategien wurden überarbeitet, erneuert oder aufgegeben, wenn sie nicht funktionierten.

Die Lösung: Starkes Mindset und klare Vision

Das Prinzip Trial and Error

In der Anfangszeit des Wandels wurde viel ausprobiert, so Wehner, was sich jedoch positiv auf das Unternehmen auswirkte. Die Philosophie dahinter war, das Unternehmen als Ganzes zu entwickeln. Investitionen wurden entsprechend der Vision des Unternehmens budgetiert, nicht nach dem Budget selbst. Die Herausforderung bestand darin, den richtigen Weg zu finden, um die Unternehmensentwicklung voranzutreiben.

Herausforderungen auf Führungsebene

Eine der zentralen Herausforderungen, mit denen Mark Wehner als Führungskraft konfrontiert war, bestand darin, das richtige Team zusammenzustellen. Dies war besonders kritisch, da das Unternehmen in einer

Umbruchphase steckte und Mitarbeitende benötigte, die nicht nur ihre Aufgaben erfüllen konnten, sondern auch die Bereitschaft mitbrachten, aktiv zur Gestaltung des Unternehmens beizutragen.

Die Auswahl der richtigen Kandidaten war ein anspruchsvoller Prozess. Es war von entscheidender Bedeutung, Menschen zu gewinnen, die nicht nur über die erforderlichen fachlichen Fähigkeiten verfügten, sondern auch über unternehmerisches und freies Denken und die Fähigkeit, über den Tellerrand zu schauen. Mark Wehner suchte nach Teammitgliedern, die bereit waren, innovative Ideen einzubringen und die flexible Unternehmensentwicklung aktiv mitzugestalten.

Eine weitere bedeutende Herausforderung bestand darin, die Mitarbeitenden auch bei Rückschlägen und Fehlern, die im Zuge von Experimenten und neuen Herangehensweisen auftraten, zu motivieren und bei der Stange zu halten. «Trial and Error» war ein wichtiger Teil des Entwicklungsprozesses des Unternehmens geworden. Hierbei war es entscheidend, ein Umfeld zu schaffen, in dem sich die Mitarbeitenden ermutigt fühlten, kreativ zu sein und Risiken einzugehen, ohne die Angst vor negativen Konsequenzen.

Mark Wehner erkannte, dass die Motivation und das Engagement der Mitarbeitenden maßgeblich dazu beitrugen, diese Herausforderungen zu bewältigen. Er legte großen Wert darauf, Vertrauen innerhalb des Teams zu schaffen, indem er klar kommunizierte, dass er die Fähigkeiten und das Potenzial seiner Teammitglieder schätzte. Diese Anerkennung und Wertschätzung spornte die Belegschaft an, ihr Bestes zu geben und sich aktiv an der Entwicklung des Unternehmens zu beteiligen.

Die Vision - Ein Blick in die Zukunft

Die Vision von Mark Wehner ist ein inspirierendes Beispiel für junge Führungskräfte. Sie zeigt, wie eine klare und ehrgeizige Vision den Weg zum Erfolg ebnen kann. Zu Beginn war Wehners Vision recht bescheiden, aber dennoch anspruchsvoll: Er strebte danach, als bedeutender Marktteilnehmer im Bereich Logistik und E-Fulfillment im Westen Deutschlands wahrgenommen zu werden. Dies allein war schon eine beachtliche Zielsetzung, insbesondere angesichts der starken Konkurrenz in dieser Branche. Doch Mark Wehner dachte noch größer.

Er verfolgte auch das ehrgeizige Ziel, eine einzigartige Marke zu schaffen. Diese Marke sollte nicht nur von Konzernkunden geschätzt werden, sondern auch von Online-Händlern. Dies erforderte nicht nur erstklassige Dienstleistungen, sondern auch eine starke Präsenz und Reputation in der Branche.

Aber Wehners Vision ging noch weiter. Er strebte danach, das Unternehmen zum Top-Player im Logistiksektor sowie zum Marktführer im Bereich Technik und Service zu machen, insbesondere im E-Fulfillment-Bereich. Dies war ein klares Bekenntnis zur Innovation und zur Bereitstellung von erstklassigen Dienstleistungen. Es bedeutete, ständig nach neuen Wegen und Technologien zu suchen, um den Kunden einen Wettbewerbsvorteil zu verschaffen.

Diese Vision war kein statisches Ziel, sondern eine treibende Kraft hinter Wehners Handlungen. Sie führte zu einer kontinuierlichen Weiterentwicklung des Unternehmens und trieb es zu immer höheren Leistungen an. Es war diese Vision, die das Unternehmen zu einem Wachstums-Champion gemacht hat und es weit über die Ergebnisse seiner Branchenkollegen katapultierte.

Die Ergebnisse

Erfolge - Auf dem Weg zum Branchenführer

Das Unternehmen von Mark Wehner verzeichnete ein beeindruckendes Wachstum von 15 Mitarbeitenden im Januar 2020 auf 65 Beschäftigte im Dezember 2022. Diese bemerkenswerte Wachstumsrate von 60% pro Jahr verschaffte dem Team um Wehner die Auszeichnung: «Wachstums Champignon 2023». Das wirft die Frage auf, wie ein kleines Familienunternehmen eine derartige Steigerung erreichen kann. Mark Wehner betont, dass dies nur durch eine exzellente Führungskultur, ein entsprechendes Mindset sowie ein gut funktionierendes Team möglich war.

Die Erfolgsgeschichte von Mark Wehners Unternehmen ist beeindruckend und bietet wertvolle Einblicke für aufstrebende Führungskräfte. Es ist nicht nur das beachtliche Wachstum, das dieses Unternehmen zum Wachstums-Champion macht, sondern auch die finanziellen Ergebnisse, die es erzielt hat. Im Vergleich zu Branchenkollegen im Bereich Logistik liegt das Unternehmen weit über dem Durchschnitt, wenn es um den Ergebnisanteil geht. Dieser Erfolg ist besonders bemerkenswert, wenn man bedenkt, dass er trotz der notwendigen Investitionen in den Aufbau des Unternehmens erreicht wurde.

Ein Schlüsselfaktor für diesen Erfolg war auch die kluge Preispolitik des Unternehmens. Statt in einen Preiskampf einzutreten, der die Margen drückt, hat das Unternehmen auf einen Wertansatz gesetzt. Dies bedeutet, dass es nicht nur Dienstleistungen anbietet, sondern auch einen echten Mehrwert für seine Kunden schafft. Diese Strategie führte dazu, dass das Unternehmen viele neue Kunden gewinnen konnte, die nicht nur auf den Preis, sondern auch auf Qualität und Service Wert legen.

Ein weiterer Erfolgsfaktor war die kontinuierliche Optimierung der Arbeitsprozesse. Das Unternehmen hat erkannt, dass effiziente und reibungslose Abläufe entscheidend sind, um den steigenden Anforderungen gerecht zu werden. Daher wurde viel Zeit, Geld und Ressourcen investiert, um die Prozesse zu analysieren und zu verbessern. Diese Optimierung trug dazu bei, dass das Unternehmen heute große und renommierte Unternehmen zu seinem Kundenstamm zählt.

Was Mark Wehner jungen Führungskräften mitgeben möchte

Setzen Sie klare Ziele für sich selbst und verwirklichen Sie Ihre Visionen
Für junge aufstrebende Führungskräfte sind klare Ziele und die Verfolgung einer persönlichen Vision von entscheidender Bedeutung. Oftmals stehen junge Führungskräfte am Anfang ihrer Karriere und haben große Ambitionen. Doch ohne eine klare Zielausrichtung und eine Vision, die sie antreibt, können diese Ambitionen leicht in der Hektik des Alltags und der Verantwortung, die mit Führungspositionen einhergeht, verloren gehen.

Warum ist eine klare Zielsetzung so wichtig?
Klare Ziele dienen als Leitstern auf Ihrem beruflichen Weg. Sie bieten Orientierung und ermöglichen es Ihnen, den Fokus auf das zu richten, was wirklich wichtig ist. Diese Ziele können auf verschiedene Aspekte Ihrer beruflichen Entwicklung abzielen, sei es die Erreichung bestimmter Positionen, die Entwicklung von Führungsfähigkeiten oder die Umsetzung spezifischer Projekte. Sie sind sozusagen Ihre Landkarte, die Ihnen den Weg zu Ihrem gewünschten Ziel zeigt.

Die Macht Ihrer Visionen
Junge Führungskräfte sollten auch eine klare Vision für ihre Führungskarriere entwickeln. Diese Vision geht über einfache Ziele hinaus und umfasst die Vorstellung von dem, was Sie in Ihrer Rolle erreichen möchten und wie Sie die Welt um sich herum beeinflussen möchtest. Die Vision ist das, was Sie antreibt, wenn die Arbeit herausfordernd wird, wenn Sie mit unerwarteten Hindernissen konfrontiert werden und wenn Sie Zweifel an Ihren Fähigkeiten haben. Sie ist das «Warum» hinter Ihrem Handeln.

In einer Welt, die sich ständig verändert und in der der Druck auf Führungskräfte wächst, sind klare Ziele und eine starke Vision die Kompassnadeln, die Sie auf Kurs halten. Sie sind die Grundlage für Ihren Erfolg und Ihre persönliche Entwicklung als junge Führungskraft.

Lassen Sie sich nicht permanent von äußeren Einflüssen verunsichern – Vertrauen Sie sich selbst und Ihren Fähigkeiten
Gerade für junge Führungskräfte ist es entscheidend, sich dieser Lektion bewusst zu sein. In der modernen Geschäftswelt sind wir ständig von einer Fülle von Informationen, Meinungen und Ratschlägen umgeben. Diese Informationen können von allen Seiten auf uns einprasseln, sei es von Kollegen, Vorgesetzten, oder sogar von sozialen Medien. Es ist einfach, sich in diesem Informationsdschungel zu verlieren und in ständiger Unsicherheit zu verharren. Hierbei ist es jedoch von entscheidender Bedeutung, sich selbst zu vertrauen.

Junge Führungskräfte sollten daran glauben, dass sie die Fähigkeiten und das Urteilsvermögen besitzen, kluge und fundierte Entscheidungen zu treffen. Dieses Selbstvertrauen ermöglicht es ihnen, sich nicht von jeder vorübergehenden Meinung oder jedem Trend beeinflussen zu lassen. Das bedeutet nicht, dass junge Führungskräfte nicht auf konstruktive Kritik oder Ratschläge hören sollten - im Gegenteil, das ist ein wichtiger Teil des Lernprozesses. Es geht vielmehr darum, eine klare Vision und ein starkes inneres Fundament zu haben, auf dem sie aufbauen können. Es ist wichtig zu verstehen, dass es in der Welt der Führung keine festen Regeln gibt, die in jeder Situation gelten. Jedes Unternehmen und jede Situation sind einzigartig, und es erfordert oft kreatives Denken und individuelle Lösungen. Junge Führungskräfte sollten sich nicht entmutigen lassen, wenn sie von der Norm abweichen müssen, um die besten Ergebnisse für ihr Team und ihr Unternehmen zu erzielen.

Kommunizieren Sie klar und aufrichtig

Das ist der Schlüssel zur erfolgreichen Kommunikation für junge Führungskräfte. Die Kunst der Kommunikation ist ein Eckpfeiler erfolgreicher Führung, und junge Führungskräfte stehen oft vor der Herausforderung, diese Fähigkeit zu entwickeln und zu perfektionieren. Mark Wehner, als erfahrener Unternehmensleiter, unterstreicht die Bedeutung klarer und aufrichtiger Kommunikation als einen der entscheidenden Erfolgsfaktoren in seiner Laufbahn. Kommunikation beginnt mit der klaren Vermittlung deiner Ziele und Visionen an dein Team. Ihre Mitarbeitenden sollten verstehen, wohin das Unternehmen steuert und wie sie dazu beitragen können. Wenn Ihre Vision nicht verständlich ist, wird es schwer sein, Ihr Team zu inspirieren und auf Kurs zu halten.

Schaffen Sie eine Unternehmenskultur, in der offene und ehrliche Gespräche gefördert werden. Ihre Mitarbeitenden sollten sich sicher fühlen, ihre Ideen, Bedenken und Fragen zu äußern. Die besten Lösungen entstehen oft aus einer Kombination unterschiedlicher Perspektiven. Ehrlichkeit ist das Fundament jeglicher erfolgreichen Kommunikation und das gilt auch im Umgang mit den Kunden. Es ist wichtig, transparent über Erfolge und Misserfolge zu sprechen. Wenn Sie Fehler machen, stehen Sie dazu und zeigen Sie, dass Sie bereit sind, daraus zu lernen. Das schafft Vertrauen und Glaubwürdigkeit.

Hinterfragen und bewerten Sie Themen und Sachverhalte realistisch
In einer Zeit, in der schnelle Veränderungen und komplexe Probleme an der Tagesordnung sind, ist die Fähigkeit, Themen realistisch zu bewerten, ein unschätzbarer Vorteil. Junge Führungskräfte, die diese Fähigkeit entwickeln, werden in der Lage sein, kluge Entscheidungen zu treffen, Hindernisse zu überwinden und ihre Teams erfolgreich zu führen. Sie werden erkennen, dass wahre Führung nicht durch oberflächliche Präsentationen, sondern durch authentisches Verhalten und kluge Entscheidungen geprägt ist. Also ermutigen wir junge Führungskräfte dazu, den Schein zu hinterfragen, hinter die Fassade zu schauen und Themen stets realistisch zu bewerten. Eignen Sie sich die Fähigkeit an, realistisch zu bewerten was machbar ist und was nicht und kommunizieren Sie dies offen mit Ihren Kunden und Geschäftspartnern.

Seien Sie glaubwürdig und agieren Sie als Vorbild.
Die Regel «Fordere nie etwas von Mitarbeitenden, das du selbst nicht leisten würdest» ist ein Prinzip, das Respekt und Glaubwürdigkeit fördert. Es zeigt, dass Sie nicht nur Anweisungen giben, sondern auch bereit sind, die gleiche harte Arbeit und die gleichen Standards an sich selbst anzulegen. Dies schafft ein Gefühl der Fairness und des Zusammenhalts im Team.

Die Umsetzung dieser Prinzipien erfordert manchmal Selbstreflexion und die Bereitschaft zur Selbstverbesserung. Es bedeutet, die eigenen Schwächen zu erkennen und daran zu arbeiten, sie zu überwinden. Es bedeutet, Verantwortung für Fehler zu übernehmen und sich ehrlich und offen gegenüber den Mitarbeitenden zu zeigen. Für junge Führungskräfte ist es besonders wichtig, diese Grundsätze zu verinnerlichen, da sie oft noch am Anfang ihrer Karriere stehen und sich einen Ruf aufbauen müssen. Ihr Verhalten und Ihre Glaubwürdigkeit werden im Laufe der Zeit zu einem wertvollen Kapital, auf das Sie in Ihrer Führungslaufbahn zurückgreifen können. Wenn Sie als glaubwürdiges Vorbild agieren und nie von Ihren Mitarbeitenden verlangen, was Sie selbst nicht leisten würden, werden Sie nicht nur ein effektiver Führer sein, sondern auch die Loyalität und das Vertrauen Ihres Teams gewinnen.

Schlüsselerkenntisse aus der Fallstudie

Das Geheimnis hinter Mark Wehner - Der unbändige Wille zum Erfolg
Mark Wehner ist zweifellos ein Beispiel für eine außergewöhnliche Führungspersönlichkeit. Sein Weg zum Erfolg ist geprägt von Eigenschaften und Prinzipien, die junge Führungskräfte inspirieren und leiten können.

Ein Schlüssel zum Verständnis von Mark Wehners Erfolg ist sein unbändiger Wille, Hindernisse zu überwinden und Ziele zu erreichen. Er scheut keine Herausforderung und geht stets einen Schritt weiter, um sicherzustellen, dass die Vision seines Unternehmens verwirklicht wird. Dabei ist sein Antrieb von Kreativität und Überzeugungskraft geprägt, Eigenschaften, die nicht nur dazu dienen, Probleme zu lösen, sondern auch Menschen zu inspirieren und mitzureißen.

Für junge Führungskräfte ist diese Bereitschaft, die «Extrameile» zu gehen, von unschätzbarem Wert. Mark Wehner zeigt, dass Erfolg in der Führung nicht nur auf Fachwissen und strategischem Denken beruht, sondern auch auf einer inneren Entschlossenheit, dem entsprechenden Mindset und einem unbeugsamen Willen, Hindernisse zu überwinden.

Ein weiterer wichtiger Aspekt von Mark Wehners Erfolg ist sein Ehrgeiz und der Wunsch, sich mit den Besten seiner Branche zu messen. Dieser Ehrgeiz dient nicht nur als Antrieb, sondern auch als Quelle der Inspiration. Er ermöglicht es, von den Besten zu lernen und deren Erfahrungen zu nutzen, um das eigene Führungspotenzial zu entwickeln.

Die Kraft der Überzeugung und klaren Kommunikation
Mark Wehner, der Mann hinter dem beeindruckenden Aufstieg des Unternehmens, verkörpert eine charismatische Führungspersönlichkeit, die fest an den Erfolg ihrer Visionen glaubt. Seine positive Einstellung und

sein unerschütterliches Vertrauen in die Umsetzbarkeit von Zielen waren von entscheidender Bedeutung für die zahlreichen Erfolge, die das Unternehmen verzeichnete.

Wehners Überzeugungskraft und Selbstsicherheit haben sich als Schlüsselattribute erwiesen. Er verfolgt nicht nur ehrgeizige Ziele, sondern teilt seine Visionen auch leidenschaftlich mit seinem Team. Diese Bereitschaft, seine Vorstellungen zu teilen und seine Teammitglieder in den Entwicklungsprozess einzubeziehen, hat dazu beigetragen, dass alle Beteiligten motiviert und inspiriert wurden.

Die Kommunikation spielt eine zentrale Rolle in Wehners Führungskonzept. Er betont immer wieder die Bedeutung offener und aufrichtiger Kommunikation, sei es mit Kunden oder mit Mitarbeitenden. Das Vertrauen, das er in seinem Team aufgebaut hat, beruht auf seiner Fähigkeit, Informationen klar und transparent zu teilen. Er scheut sich nicht, auch bei unangenehmen Themen ehrlich zu sein, sei es bei der Kundenkommunikation oder bei internen Angelegenheiten.

Vertrauen und Ehrlichkeit sind für Wehner nicht nur Schlagwörter, sondern gelebte Prinzipien. Dieses Vertrauen wurde nicht nur aufgebaut, sondern auch aufrechterhalten, was eine konstante und authentische Kommunikation erforderte. In einer Zeit, in der Glaubwürdigkeit und Vertrauen in der Unternehmensführung von entscheidender Bedeutung sind, zeigt Mark Wehner, wie diese Prinzipien erfolgreich in die Tat umgesetzt werden können. Diese Erfahrungen und Einsichten sind für junge Führungskräfte von unschätzbarem Wert, wenn sie ihre eigene Reise zur erfolgreichen Unternehmensführung antreten.

Fazit:
Die Fallstudie von Mark Wehner, dem Gründer und Geschäftsführer eines erfolgreichen Logistikunternehmens, bietet eine Fülle von Einsichten und Ratschlägen für junge Führungskräfte, die in der heutigen Geschäftswelt Fuß fassen wollen.

Mark Wehner's beeindruckende Reise von einer kleinen Promotionagentur zu einem bedeutenden Marktteilnehmer im Bereich Logistik und E-Fulfillment zeigt, dass es möglich ist, große Herausforderungen zu meistern und ehrgeizige Ziele zu erreichen. Sein unbändiger Wille zum Erfolg, begleitet von Kreativität, Überzeugungskraft und der Fähigkeit, Menschen zu begeistern, hat ihm ermöglicht, sein Unternehmen auf unvorstellbare Weise zu transformieren. Insgesamt zeigt Mark Wehners Geschichte, wie wichtig es ist, als Führungskraft Einblicke in alle Bereiche des Unternehmens zu haben, um die Belange der Mitarbeitenden zu verstehen und entsprechend darauf einzugehen. Dies verschafft Respekt und Anerkennung bei den Teammitgliedern und trägt maßgeblich zum Erfolg bei.

Die Fallstudie von Mark Wehner verdeutlicht außerdem, dass erfolgreiche Führung nicht nur auf strategischer Weitsicht und Geschäftssinn beruht, sondern auch auf Persönlichkeit, Charakter und dem unerschütterlichen Glauben an den eigenen Erfolg. Sie verdeutlicht die Bedeutung von Authentizität und Integrität in der Führung sowie die Notwendigkeit, in jeder Phase der Unternehmensentwicklung Einblicke in alle Bereiche zu haben, um die Belange der Mitarbeitenden zu verstehen.

Letztendlich ermutigt die Geschichte von Mark Wehner junge Führungskräfte, ihre eigene Reise anzutreten, Hindernisse als Chancen zu sehen und die «Extrameile» zu gehen, um ihre Ziele zu erreichen. Sie zeigt, dass Erfolg nicht nur messbar ist, sondern auch darin besteht, eine inspirierende und respektierte Führungsperson zu sein, die Veränderungen vorantreibt und ein starkes, engagiertes Team um sich herum aufbaut.

DAS WICHTIGSTE IN KÜRZE

Unternehmensentwicklung
Mark Wehner übernahm 2008 den Betrieb seines Vaters, eine Promotionagentur, und transformierte ihn zu einem erfolgreichen Logistikunternehmen mit über 65 Mitarbeitenden und mehreren Standorten. Die Umstrukturierung erforderte erhebliche Investitionen und eine Überarbeitung der IT-Infrastruktur. Der Übergang war durch Herausforderungen wie die Notwendigkeit einer robusten Logistikinfrastruktur und den Aufbau eines völlig neuen Serviceportfolios geprägt.

Herausforderungen und Lösungen
Die Umstrukturierung war eine immense Herausforderung, die erhebliche Investitionen erforderte. Die Notwendigkeit einer belastbaren Infrastruktur, insbesondere im Bereich Logistik, war entscheidend. Eine der Hauptzielsetzungen war es, ein exzellenter E-Commerce Fullfiller zu werden. Mark legte großen Wert darauf, die Mitarbeitenden kontinuierlich in die Arbeit an dieser Zielsetzung einzubeziehen. Der Fokus lag auf dem Prinzip von «Trial and Error», wobei viel ausprobiert wurde, was sich jedoch positiv auf das Unternehmen auswirkte.

Ergebnisse
Das Unternehmen wuchs beeindruckend von 15 Mitarbeitenden im Januar 2020 auf 65 Beschäftigte im Dezember 2022. Dieses bemerkenswerte Wachstum von 60% pro Jahr führte zur Auszeichnung «Wachstums Champignon 2023». Ein Schlüssel zum Erfolg war die kluge Preispolitik des Unternehmens, die auf einem Wertansatz basierte und dazu führte, dass das Unternehmen viele neue Kunden gewinnen konnte.

Ratschläge von Mark Wehner
Mark Wehner betont die Bedeutung klarer Ziele und Visionen, Selbstvertrauen, klarer und aufrichtiger Kommunikation, und realistischer Bewertung von Themen und Sachverhalten für junge Führungskräfte. Er betont die Wichtigkeit, ein glaubwürdiges Vorbild zu sein und als Führungskraft die gleichen Standards an sich selbst anzulegen, wie an seine Mitarbeitenden.

Schlüsselerkenntnisse
Mark Wehner ist ein Beispiel für eine außergewöhnliche Führungspersönlichkeit, dessen Erfolg auf seinem unbändigen Willen, seinem Ehrgeiz und seiner Überzeugungskraft beruht. Seine Fähigkeit zur klaren Kommunikation und sein Engagement für Vertrauen und Ehrlichkeit haben ebenfalls zum Erfolg seines Unternehmens beigetragen.

Fazit
Die Fallstudie von Mark Wehner bietet eine Fülle von Einsichten und Ratschlägen für junge Führungskräfte. Sie unterstreicht die Bedeutung von Authentizität und Integrität in der Führung sowie die Notwendigkeit, die Belange der Mitarbeitenden zu verstehen und darauf einzugehen. Sie ermutigt junge Führungskräfte, ihre eigene Reise anzutreten und Hindernisse als Chancen zu sehen.

Fallstudie: Aufstieg und Fall eines Traditionsunternehmens

Diese Fallstudie beleuchtet die Reise eines Logistikunternehmens und die Veränderungen, die eine gute Führung bewirken kann. Sie verdeutlicht, wie eine positive Unternehmenskultur den Aufstieg fördert und wie ein nachfolgender Mangel an effektiver Führung zum Niedergang führen kann.

Die Firma, spezialisiert auf Möbelspedition und Umzüge, stand vor großen Herausforderungen, die durch geschicktes Management und strategische Entscheidungen erfolgreich gemeistert wurden. Junge Führungskräfte können wertvolle Erkenntnisse aus dieser Fallstudie gewinnen, um die Bedeutung von Mitarbeiterfokussierung und guter Führung in einem Unternehmensumfeld zu verstehen.

Hintergrundinformationen

Das traditionsreiche Unternehmen wurde 1903 in Offenburg gegründet und begann mit einfachen Handkarren für Kleinumzüge. Im Laufe der Zeit entwickelte es sich zu einem großen Umzugsunternehmen, spezialisiert auf Möbelspedition und Umzüge. Es etablierte sich als verlässlicher

Partner für Privatumzüge, Firmenumzüge, Möbel-Einlagerung und Küchenmontage. Der spätere Geschäftsführer und Manager dieses Unternehmens, das hier aus unternehmerischen Verschwiegenheitsgünden nicht genannt wird. Im Folgenden wird er daher auch nur Reiner genannt.

Die Herausforderungen im Unternehmen

In der heutigen, schnelllebigen Geschäftswelt stehen junge Führungskräfte wie Reiner vor einer Vielzahl von Herausforderungen, die es zu bewältigen gilt, um ihr Unternehmen erfolgreich zu führen und weiterzuentwickeln. Die Übernahme eines bestehenden Unternehmens bringt oft zusätzliche Schwierigkeiten mit sich, besonders wenn dieses bisher traditionell geführt wurde und in Bereichen wie Technologie und Personalentwicklung hinterherhinkt. Reiner stand vor genau solchen Herausforderungen, als er 2014 ein Unternehmen übernahm, das in verschiedenen Bereichen erheblichen Nachholbedarf hatte.

Die technologische Rückständigkeit beeinträchtigte die Effizienz und Produktivität des Unternehmens erheblich, während die fehlende Online-Präsenz den Zugang zu neuen Kunden und Märkten erschwerte. Darüber hinaus war die Rekrutierung und Motivation qualifizierter Mitarbeitenden in einer Branche, die gemeinhin als wenig attraktiv gilt, eine weitere Hürde. Diese und weitere Herausforderungen erforderten von Reiner strategisches Denken, Innovationsfähigkeit und Führungsstärke, um sie zu überwinden und das Unternehmen auf einen erfolgreichen Weg zu führen.

In den folgenden Abschnitten werden diese Herausforderungen genauer erläutert, und es werden mögliche Lösungsansätze vorgestellt, die nicht nur Reiner, sondern auch anderen jungen Führungskräften in ähnlichen Situationen helfen können, ihr Unternehmen erfolgreich in die Zukunft zu führen.

- **Technologische Rückständigkeit**

Das von Reiner übernommene Unternehmen war technologisch erheblich zurückgeblieben. Die vorhandene Infrastruktur war veraltet und konnte mit den Anforderungen eines modernen Geschäftsbetriebs nicht mithalten. Diese Rückständigkeit war eine erhebliche Barriere für die betriebliche Effizienz und Produktivität.

Die Abwesenheit moderner Technologie behinderte die Fähigkeit des Unternehmens, Arbeitsabläufe zu straffen und effizient zu gestalten. Die Prozesse waren zeitaufwändig und fehleranfällig, da viele Aufgaben manuell und ohne Unterstützung von Software oder Automatisierungstechnologie durchgeführt werden mussten. Dies führte zu Verzögerungen, erhöhten Kosten und möglichen Fehlern, die die Kundenzufriedenheit beeinträchtigen konnten.

Weitere Auswirkungen:

- Verlangsamte Arbeitsabläufe: Ohne moderne Technologie waren die Arbeitsabläufe langsam und umständlich, was die Effizienz und Reaktionsfähigkeit des Unternehmens minderte.

- Fehleranfälligkeit: Manuelle Prozesse sind anfälliger für Fehler, die sowohl intern als auch in der Kundenbetreuung zu Problemen führen können.

- Schwierigkeiten bei der Datenverwaltung: Ohne effektive Datenverwaltungssysteme war es schwierig, wichtige Informationen zu speichern, abzurufen und effizient zu nutzen.

- Mangelnde Wettbewerbsfähigkeit: Ein technologischer Rückstand kann zu einem erheblichen Wettbewerbsnachteil führen, da Konkurrenten mit modernerer Technologie effizienter und kundenfreundlicher arbeiten können.

- **Fehlende Online-Präsenz**

In der heutigen, digital vernetzten Welt ist eine robuste Online-Präsenz unerlässlich für den Erfolg eines Unternehmens. Die fehlende Online-Präsenz von Reiners Unternehmen stellte ein erhebliches Hindernis für das Wachstum und die Kundenbindung dar. Potenzielle Kunden, die Dienstleistungen oder Produkte online suchen, konnten das Unternehmen nicht finden, was zu verlorenen Geschäftschancen führte. Bestehende Kunden konnten sich online keine Informationen oder Kontaktdaten des Unternehmens beschaffen, was die Kundenzufriedenheit und -bindung beeinträchtigte.

Zudem erwarten Kunden heute, dass sie einfach und bequem online mit Unternehmen in Kontakt treten können. Die fehlende Website und Präsenz in sozialen Medien signalisierten einen Mangel an Modernität und Kundenorientierung, was zusätzlich das Image des Unternehmens schädigte.

Weitere Auswirkungen:

- Verlust von Geschäftschancen: Da viele Kunden online nach Dienstleistungen suchen, gehen ohne Online-Präsenz zahlreiche Möglichkeiten verloren.

- Schwierigkeiten bei der Kundenkommunikation: Kunden erwarten heutzutage einfache Kommunikationswege über soziale Medien oder E-Mail, die ohne Online-Präsenz nicht möglich sind.

- Imageprobleme: Das Fehlen einer Online-Präsenz kann von Kunden als Mangel an Professionalität und Kundenorientierung wahrgenommen werden.

- Konkurrenzrückstand: Wettbewerber mit starker Online-Präsenz können Kunden abwerben und Marktanteile gewinnen.

- **Personalerweiterung**

Die Verbesserung der Dienstleistungsqualität stand bei Reiner an oberster Stelle. Um dieses Ziel zu erreichen, war die Einstellung von zusätzlichem, geschultem und erfahrenem Personal unausweichlich. Die bestehende Belegschaft war nicht ausreichend, um das Arbeitsvolumen effektiv zu bewältigen und gleichzeitig einen hohen Standard an Service und Kundenzufriedenheit zu gewährleisten. Diese Situation führte zu einer Überlastung der bestehenden Mitarbeiter, was wiederum die Qualität der Dienstleistungen und die Mitarbeitendenzufriedenheit beeinträchtigen konnte.

Weitere Auswirkungen:

- Überlastung der Mitarbeitenden: Die bestehenden Mitarbeitenden könnten überlastet sein, was zu Burnout und einer hohen Fluktuation führen könnte.

- Minderung der Servicequalität: Ohne ausreichendes Personal ist es schwierig, die Qualitätsstandards der Dienstleistungen aufrechtzuerhalten, was zu Unzufriedenheit bei den Kunden führen kann.

- Verzögerte Auftragsabwicklung: Ein Mangel an Personal kann zu Verzögerungen bei der Auftragsabwicklung und der Erbringung von Dienstleistungen führen.

- Eingeschränkte Wachstumsmöglichkeiten: Ohne zusätzliche Mitarbeitende sind die Möglichkeiten für Unternehmenswachstum und Expansion eingeschränkt.

- **Rekrutierungsprobleme**

Reiners Unternehmen operierte in einer Branche, die allgemein als wenig attraktiv wahrgenommen wurde. Dies beeinträchtigte erheblich die Fähigkeit des Unternehmens, qualifizierte und motivierte Mitarbeitende zu gewinnen. Viele potenzielle Bewerber zogen es vor, in Branchen zu arbeiten, die als moderner, zukunftsorientierter und mit besseren Karriereperspektiven verbunden waren. Diese Wahrnehmung erschwerte es Reiner, die benötigten Talente für sein Unternehmen zu gewinnen und führte zu weiteren Herausforderungen bei der Personalbeschaffung und -bindung.

Weitere Auswirkungen:

- Begrenzter Talentpool: Das Unternehmen hatte Zugang zu einem kleineren Pool qualifizierter Bewerber, was die Auswahl und Einstellung erschwerte.

- Längere Vakanzzeiten: Offene Stellen konnten länger unbesetzt bleiben, was die betriebliche Effizienz und Produktivität beeinträchtigte.

- Höhere Rekrutierungskosten: Um Bewerber anzulocken, könnten höhere Gehälter oder zusätzliche Leistungen notwendig sein, was die Betriebskosten erhöht.

- Imageprobleme: Das Image der Branche kann sich negativ auf das Unternehmensimage auswirken und die Kundenwahrnehmung beeinträchtigen.

- **Mitarbeitendenmotivation**

Die Motivation und Zufriedenheit der Mitarbeitenden waren für Reiner eine erhebliche Herausforderung. Ein motiviertes und zufriedenes Team ist unerlässlich für den Erfolg eines Unternehmens, denn es trägt maßgeblich zur Produktivität, Kreativität und letztendlich zur Kundenzufriedenheit bei. Reiners Unternehmen stand jedoch vor dem Problem, dass die Mitarbeitenden möglicherweise nicht ausreichend motiviert oder zufrieden waren, was sich negativ auf ihre Arbeitsleistung und ihr Engagement auswirken konnte.

Weitere Auswirkungen:

- Minderung der Arbeitsproduktivität: Unmotivierte Mitarbeitende neigen dazu, weniger produktiv und weniger engagiert in ihrer Arbeit zu sein, was die gesamte Leistung des Unternehmens beeinträchtigen kann.

- Erhöhte Fluktuation: Unzufriedene Mitarbeitende könnten das Unternehmen verlassen, was zu höheren Rekrutierungskosten und einem Verlust an Erfahrung und Know-how führt.

- Negative Auswirkungen auf das Arbeitsklima: Mangelnde Motivation und Unzufriedenheit können sich auf das gesamte Team auswirken und ein negatives Arbeitsklima schaffen.

- Kundenzufriedenheit: Unzufriedene und unmotivierte Mitarbeitende können weniger kundenorientiert arbeiten, was die Kundenzufriedenheit beeinträchtigt.

- **Umerziehung bestehender Mitarbeitenden**

Eine der Herausforderungen, denen Reiner gegenüberstand, betraf die Arbeitsgewohnheiten der bestehenden Mitarbeitenden. Diese waren es nicht gewohnt, Eigeninitiative zu zeigen oder selbstständig zu arbeiten. Diese Mangel an Selbstständigkeit konnte die Effizienz und Produktivität des Teams erheblich beeinträchtigen, da die Mitarbeitenden möglicherweise zögerten, Verantwortung zu übernehmen, innovative Ideen vorzuschlagen oder unabhängige Entscheidungen zu treffen.

Weitere Auswirkungen:

- Verzögerte Entscheidungsfindung: Die Abhängigkeit von der Führung für jede Entscheidung kann zu Verzögerungen und Ineffizienz in den Arbeitsabläufen führen.

- Unterdrückung von Kreativität und Innovation: Wenn Mitarbeiter keine Eigeninitiative zeigen, werden möglicherweise kreative Ideen und Lösungsvorschläge nicht geäußert.

- Führungslast: Die Führungskräfte müssen mehr Zeit und Ressourcen aufwenden, um jede Aufgabe und Entscheidung zu überwachen und zu genehmigen.

- Mangelnde Mitarbeitendenentwicklung: Die fehlende Möglichkeit zur Selbstständigkeit kann die berufliche und persönliche Entwicklung der Mitarbeitenden einschränken.

Die Lösung: Führen mit Zielen

Bei seinem Amtsantritt formulierte Reiner klare und umfassende Ziele für das Unternehmen. Primär strebte er an, die Sichtbarkeit des Unternehmens im Markt zu steigern. Dies beinhaltete eine verbesserte Präsenz im Internet, eine höhere Auffindbarkeit für potenzielle Kunden und eine stärkere Positionierung in der Branche. Die Strategie war darauf ausgerichtet, die Bekanntheit und den positiven Ruf des Unternehmens zu erhöhen.

Ein weiteres Hauptziel war die qualitative Erweiterung des Unternehmens. Dies bedeutete nicht nur, mehr Mitarbeitende einzustellen, sondern vor allem qualifizierte und motivierte Mitarbeitende zu gewinnen. Reiner strebte nach einer Erhöhung der Servicequalität durch gut geschultes und engagiertes Personal. Dabei lag der Fokus auf maßgeschneiderten Lösungen für Kunden, sei es in Bezug auf Umzüge, Möbelmontage oder spezielle Dienstleistungen für Senioren. Eine höhere Servicequalität sollte nicht nur die Zufriedenheit der Kunden steigern, sondern auch zu einer besseren Mitarbeiterbindung und Identifikation mit den Unternehmenszielen führen. Dabei legte Reiner Wert auf einen Dienstleistungsgedanken, den er in die Belegschaft übertragen wollte. Diese Ziele waren zentral für die langfristige Wettbewerbsfähigkeit und den Erfolg des Unternehmens in einer sich wandelnden Geschäftswelt.

Um die formulierten Ziele zu erreichen, implementierte Reiner gezielte Maßnahmen in verschiedenen Unternehmensbereichen. Zunächst lag ein besonderer Fokus auf der Digitalisierung des Unternehmens. Reiner erkannte, dass eine moderne technologische Infrastruktur unabdingbar ist, um heutzutage erfolgreich zu sein. Hierbei wurde die gesamte Kommunikation digitalisiert, angefangen von der Einrichtung von E-Mail-Konten bis hin zur Schaffung einer professionellen Website. Diese Maßnahmen trugen maßgeblich zur Sichtbarkeit des Unternehmens im Internet bei, was sich direkt auf die Kundenakquise auswirkte.

Zusätzlich zur verstärkten Online-Präsenz hat Reiner besonderen Wert auf die telefonische Erreichbarkeit gelegt. Um sicherzustellen, dass jeder

Anruf persönlich entgegengenommen wird, wurde ein Anrufservice eingerichtet. In Zeiten, in denen niemand persönlich erreichbar war, hat ein speziell geschulte Bekannter die Anrufe entgegengenommen. Dieser war mit den Abläufen des Unternehmens vertraut und konnte so die Kunden kompetent und persönlich betreuen, auch in Abwesenheit der Inhaber. Diese Maßnahme hat sich als besonders wertvoll erwiesen, da viele Kunden, insbesondere ältere, die persönliche Erreichbarkeit per Telefon sehr schätzen.

Ein weiterer Schwerpunkt lag auf der Personalarbeit. Reiner suchte nicht nur nach neuen Mitarbeitenden, sondern investierte auch in die Weiterentwicklung der bestehenden Belegschaft. Er beauftragte Zeitarbeitsfirmen, um qualifizierte Fachkräfte zu rekrutieren, die den hohen Ansprüchen des Unternehmens gerecht wurden. Auch die bestehenden Mitarbeitenden ermutigte er zu Eigeninitiative und Eigenverantwortlichkeit, um ihre individuellen Stärken zu fördern und so die Servicequalität weiter zu steigern. Durch gezielte Weiterentwicklung schuf er somit ein Team von Profis, das in der Lage war, maßgeschneiderte Lösungen für die Kunden anzubieten.

Ein weiterer Aspekt war die Einführung der «Goldenen Regeln», ein unternehmensinterner Leitfaden, der klare Richtlinien für die Arbeitsweise und den Umgang mit den Kunden festlegte. Hierdurch sollte ein einheitliches und kundenorientiertes Auftreten sichergestellt werden. Regelmäßige Teammeetings förderten die offene Kommunikation im Team und ermöglichten es, eventuelle Probleme frühzeitig zu erkennen und Lösungen zu finden.

Diese Maßnahmen wirkten synergistisch zusammen, um die gesetzten Ziele zu erreichen. Die Digitalisierung verbesserte die Sichtbarkeit und Präsenz im Markt, die Investition in Mitarbeitende erhöhte die Servicequalität, und klare Richtlinien schufen eine einheitliche Arbeitsweise im Unternehmen.

Folgende Einzelmaßnahmen wurden durchgeführt:

- Schulung der Mitarbeitenden: Die Mitarbeitenden sollten in der Nutzung der neuen Technologien geschult werden, um ihre Fähigkeiten und Produktivität zu steigern.

- Entwicklung einer attraktiven Arbeitgebermarke: Durch die Positionierung des Unternehmens als attraktiver Arbeitgeber kann ein breiteres Spektrum an Bewerbern angezogen werden.

- Angebot von Weiterbildungs- und Entwicklungsmöglichkeiten: Die Möglichkeit zur beruflichen Weiterentwicklung kann ein wichtiger Anreiz für potenzielle Mitarbeitende sein.

- Faires und wettbewerbsfähiges Vergütungspaket: Ein attraktives Gehalt und zusätzliche Leistungen können dazu beitragen, talentierte Mitarbeitende für das Unternehmen zu gewinnen und zu halten.

- Effizienter Onboarding-Prozess: Ein strukturierter und unterstützender Einarbeitungsprozess kann neuen Mitarbeitenden helfen, sich schneller einzuarbeiten und produktiv zu werden.

- Kommunikation der Unternehmenswerte: Die klare Kommunikation der Unternehmenswerte und der Unternehmenskultur kann potenzielle Mitarbeitende ansprechen, die sich mit diesen identifizieren können.

- Angebot von Karriere- und Entwicklungsmöglichkeiten: Die Bereitstellung von Weiterbildungsmöglichkeiten und klaren Karrierepfaden kann das Unternehmen für Bewerber attraktiver machen.

- Anerkennung und Wertschätzung: Regelmäßige Anerkennung und Wertschätzung der Mitarbeitendenleistungen können dazu beitragen, das Engagement und die Zufriedenheit zu erhöhen.

- Transparente Kommunikation: Eine offene und ehrliche Kommunikation über Unternehmensziele, Erwartungen und Feedback kann das Vertrauen und das Engagement der Mitarbeitenden fördern.

- Partizipative Führung: Die Einbeziehung der Mitarbeitenden in Entscheidungsprozesse und die Berücksichtigung ihrer Meinungen und Vorschläge können das Gefühl der Zugehörigkeit und der Wertschätzung stärken.

- Gesunde Work-Life-Balance: Die Sicherstellung einer ausgewogenen Work-Life-Balance und die Berücksichtigung der Bedürfnisse der Mitarbeitenden tragen zur Zufriedenheit und zum Wohlbefinden bei.

- Förderung einer offenen Unternehmenskultur: Eine Kultur, in der die Meinungen und Ideen aller Mitarbeitenden geschätzt werden, kann dazu beitragen, dass sich diese wohler fühlen, Eigeninitiative zu zeigen.

- Delegation von Verantwortung: Durch die Übertragung von Verantwortung und Entscheidungsbefugnissen auf die Mitarbeitenden können diese ermutigt werden, mehr Eigeninitiative zu zeigen.

- Förderung des Feedbacks: Regelmäßiges, konstruktives Feedback kann den Mitarbeitenden helfen, ihre Leistung zu verstehen und sich ständig weiterzuentwickeln.

- Anreizsysteme: Ein System, das Eigeninitiative und Innovation belohnt, kann als Motivationsfaktor dienen.

Die Ergebnisse

Die Umsetzung der geplanten Maßnahmen führte zu beeindruckenden Ergebnissen, die den Erfolg und die Transformation des Unternehmens unter Reiners Führung verdeutlichen. Die Mitarbeitendenzahl vervierfachte sich, und nicht nur die Quantität, sondern vor allem auch die Qualität des Teams wurde deutlich gesteigert. Die Anstellung professioneller Möbelschreiner und Umzugsleiter ermöglichte es dem Unternehmen, spezialisierte Dienstleistungen wie Küchenmontagen oder überregionale Umzüge anzubieten. Dies trug zur deutlichen Erweiterung des Dienstleistungsportfolios bei.

Durch die Implementierung der «Goldenen Regeln» und die Förderung des Service Gedankens bei den Mitarbeitenden konnte eine kundenorientierte Arbeitsweise etabliert werden. Die Mitarbeitenden waren nun motiviert, zusätzliche Aufgaben zu erledigen und Extradienstleistungen zu erbringen. Dies führte zu einer erhöhten Zufriedenheit der Kunden, was sich wiederum in positiven Bewertungen und einem guten organischen Google-Ranking niederschlug.

Diese gesteigerte Sichtbarkeit und Reputation führten zu einem signifikanten Anstieg des Umsatzes und des Ertrags. Die Einnahmen des Unternehmens verzehnfachten sich während Reiners Amtszeit. Eine bemerkenswerte Tatsache war auch die Anerkennung und Wertschätzung der Mitarbeitenden, die von den Privatkunden großzügige Trinkgelder erhielten. Diese finanzielle Anerkennung trug noch weiterhin zur Motivation und Zufriedenheit der Mitarbeitenden bei.

All diese Erfolge verdeutlichen die Wirksamkeit von Reiners Ansatz, bei dem der Fokus auf Mitarbeitenden, Servicequalität und klaren Arbeitsrichtlinien lag. Die eindrucksvollen Ergebnisse bestätigen, dass eine Mitarbeitendenzentrierte Führung, unterstützt durch gezielte Maßnahmen und klare Ziele, den Erfolg und die Entwicklung eines Unternehmens maßgeblich beeinflussen kann.

Heutige Situation des Unternehmens

Zum 1. April 2021 veräußerte Reiner sein florierendes Unternehmen, das inzwischen zu einem renommierten Namen in der Branche geworden war. Die Mitarbeitenden wurden von einem neuen Eigentümer übernommen, der jedoch eine schlechte Führungskultur an den Tag legte, die eine Abwärtsspirale des Unternehmens in Gang setzte.

Dieser Abschnitt der Fallstudie enthält wichtige Lektionen darüber, wie schlechte Führung einen erfolgreichen Betrieb in den Abgrund führen kann.

Folgende Führungsfehler wurden unter der neuen Leitung begangen:

- **Mangelnde Wertschätzung und Kommunikation:**

Der neue Eigentümer zeigte wenig Wertschätzung gegenüber den Mitarbeitenden und ihrer Arbeit. Diese fehlende Anerkennung führte zu einem spürbaren Verlust an Motivation und Engagement im Team. Darüber hinaus vernachlässigte er die klare Kommunikation und den Informationsaustausch, was häufig zu Missverständnissen und Problemen in der Projektabwicklung führte.

- **Abwälzen von Fehlern auf Mitarbeitende:**

Statt Verantwortung zu übernehmen und Lösungen für auftretende Probleme zu finden, neigte die neue Führungskraft dazu, Fehler und Defizite auf die Mitarbeitenden abzuwälzen. Dies führte zu einem Klima der Unsicherheit und Frustration im Team, da die Mitarbeitenden sich für die Fehler verantwortlich fühlten, die oft auf mangelnde Führung zurückzuführen waren.

- **Schlechte Erreichbarkeit und fehlendes Engagement:**

Die neue Führungskraft war schwer erreichbar und zeigte wenig Engagement für die Belange der Mitarbeitenden. Dies führte dazu, dass wichtige Anliegen ungelöst blieben und die Mitarbeitenden das Gefühl hatten, nicht gehört zu werden. Es gab wenig Raum für Impulse und Veränderungsvorschläge seitens der mittlerweile sehr erfahrenen Teammitglieder.

Die Folgen:

- **Abwanderung von qualifizierten Mitarbeitenden**

Angesichts der schlechten Führung entschieden sich viele qualifizierte Mitarbeitende dazu, das Unternehmen zu verlassen. Neun von zehn Mitarbeitenden verließen den Betrieb, was verdeutlicht, dass Mitarbeitende nicht das Unternehmen verlassen, sondern ihre Chefs. Die Verluste an erfahrenem und qualifiziertem Personal hatten schwerwiegende Auswirkungen auf die Servicequalität und die Kundenzufriedenheit.

- **Qualitätsverlust und niedrigere Serviceleistungen**

Mit dem Weggang der erfahrenen Mitarbeitenden begann das Unternehmen, auf weniger qualifizierte Fachkräfte, Quereinsteiger und Leiharbeitnehmer zurückzugreifen. Viele dieser neuen Mitarbeitenden sprachen kaum Deutsch, was dazu führte, dass kaum noch Serviceleistungen für Privatkunden angeboten werden konnten. Die Qualität der angebotenen Dienstleistungen nahm zudem stark ab.

Diese Phase der Unternehmensgeschichte zeigt deutlich, wie entscheidend eine gute Führung für den Erfolg eines Unternehmens ist. Die Fallstudie unterstreicht, dass Führungskräfte nicht nur für die Leistung ihres Teams verantwortlich sind, sondern auch maßgeblich darüber entscheiden, ob ein Unternehmen florieren oder scheitern wird. Die Führungskultur eines Unternehmens hat direkte Auswirkungen auf die Mitarbeitendenbindung, die Kundenzufriedenheit und den langfristigen Erfolg im Wettbewerb.

Was Reiner jungen Führungskräften mitgeben möchte

Die Fallstudie von Reiner als Unternehmensleiter enthält wertvolle Lehren und Tipps für junge Führungskräfte, die eine erfolgreiche Führungskultur in ihren Organisationen etablieren möchten:

1. Qualität über Quantität bei der Mitarbeiterauswahl:
Es ist entscheidend, Mitarbeitende auszuwählen, die nicht nur für die Anzahl der Köpfe, sondern vor allem für ihre Qualifikationen und ihre Begeisterung für die Arbeit geschätzt werden. Dies gewährleistet nicht nur die Zufriedenheit der Mitarbeitenden, sondern auch die Kundenzufriedenheit, da qualifizierte Teams hochwertige Dienstleistungen erbringen.

2. Angemessene Bezahlung:
Die angemessene Entlohnung der Mitarbeitenden ist von grundlegender Bedeutung. Unterbezahlte Mitarbeitende können unzufrieden werden, was sich auf die Arbeitsqualität und die Bindung an das Unternehmen auswirkt. Dies kann zu Verlusten führen, wie zum Beispiel dem Diebstahl von Arbeitsgeräten oder der Unmotiviertheit des Personals.

3. Investition in die Mitarbeiterentwicklung:
Junge Führungskräfte sollten in die Entwicklung ihrer Mitarbeitenden investieren. Dies kann in Form von Schulungen, Fortbildungen und Möglichkeiten zur beruflichen Weiterentwicklung geschehen. Gut ausgebildete Mitarbeitende sind leistungsfähiger und tragen zum Unternehmenserfolg bei.

4. Vertrauen und Eigeninitiative fördern:
Das Vertrauen in die Mitarbeitenden ist von entscheidender Bedeutung. Junge Führungskräfte sollten ihre Teams ermutigen, eigenständige Entscheidungen zu treffen und Eigeninitiative zu zeigen. Diese Selbstständigkeit führt zu einer erhöhten Effizienz und ermöglicht es den Mitarbeitenden, sich stärker mit ihrer Arbeit zu identifizieren

5. Offene Kommunikation:
Junge Führungskräfte sollten für offene und transparente Kommunikation in ihren Teams sorgen. Wenn Schwierigkeiten auftreten, ist es wichtig, sie frühzeitig zu erkennen und offen anzusprechen. Offene Gespräche fördern das Vertrauen und die Lösung von Problemen.

6. Vielfalt im Team:
Die Zusammensetzung eines Teams sollte vielfältig sein, um unterschiedliche Perspektiven und Ideen zu fördern. Junge Führungskräfte sollten jedoch sicherstellen, dass die Mitarbeitenden gut zusammenpassen und als Team funktionieren.

7. Betriebsinterner Leitfaden:
Das Erstellen eines auf das Unternehmen zugeschnittenen internen Leitfadens oder einer Liste von «Goldenen Regeln» kann den Mitarbeitenden klare Arbeitsrichtlinien bieten. Dies fördert eine einheitliche Arbeitsweise und stellt sicher, dass alle Teammitglieder auf dem gleichen Stand sind.

Reiners Tipps unterstreichen die Bedeutung eines mitarbeiterzentrierten Ansatzes, der von gezielten Maßnahmen und klaren Zielen unterstützt wird. Diese Tipps können jungen Führungskräften dabei helfen, eine erfolgreiche Führungskultur in ihren Organisationen zu etablieren und den langfristigen Erfolg des Unternehmens zu fördern.

Schlüsselerkenntnisse aus der Fallstudie

Die Fallstudie von Reiner hebt klare Schlüsselerkenntnisse hervor, die für junge Führungskräfte von entscheidender Bedeutung sind. Ein primärer Erfolgsfaktor lag in seinem Fokus auf die Mitarbeitenden. Er erkannte, dass gut qualifizierte und engagierte Mitarbeitende das eigentliche Kapital eines Unternehmens darstellen. Ihre Zufriedenheit und Leistungsbereitschaft sind entscheidend für den Erfolg und die Kundenzufriedenheit.

Reiner legte als Führungskraft großen Wert auf qualifizierte und motivierte Mitarbeitende, die den Servicegedanken aktiv umsetzen. Diese strategische Entscheidung trug dazu bei, dass die Mitarbeiterzahl vervierfacht und hochprofessionelle Fachkräfte im Unternehmen etabliert wurden.

Ein weiterer entscheidender Punkt war die gezielte Entwicklung der Mitarbeitenden. Reiner investierte in gutes Personal und ermutigte es, selbstständig zu handeln und Entscheidungen zu treffen. Dies förderte nicht nur ihre individuelle Entwicklung, sondern steigerte auch die Qualität der Serviceleistungen, da die Mitarbeitenden auf die individuellen Wünsche der Kunden eingehen konnten.

Des Weiteren war eine offene Kommunikation ein wesentlicher Eckpfeiler seines Erfolgs. Fehler wurden nicht als Makel betrachtet, sondern als Lerngelegenheit genutzt. Transparenz in der Kommunikation und das Eingeständnis, dass auch Führungsfehler eine Ursache für Probleme sein können, waren integrale Bestandteile seiner Führungsphilosophie.

Die Abwärtsspirale nach dem Verkauf des Unternehmens unterstreicht deutlich, dass Führungsfehler massive Auswirkungen haben können.

Eine schlechte Führung kann ein blühendes Unternehmen in kurzer Zeit zunichte machen. Es betont die Notwendigkeit für Führungskräfte, Verantwortung zu übernehmen, zu lernen, aus Fehlern zu wachsen und vor allem die Bedeutung von Kommunikation und Wertschätzung der Mitarbeitenden zu erkennen.

Fazit:
Diese Fallstudie veranschaulicht eindrücklich, dass eine erfolgreiche Führung weit über betriebswirtschaftliche Aspekte hinausgeht. Es ist von essenzieller Bedeutung, für junge Führungskräfte zu verstehen, dass ihre Mitarbeitenden das Herzstück ihres Unternehmens sind. Investitionen in deren Entwicklung, eine offene Kommunikation sowie die Anerkennung ihrer Leistungen sind entscheidend.

Zudem müssen junge Führungskräfte Fehler als Lernmöglichkeit sehen, statt sie zu bestrafen. Transparente Kommunikation über Schwierigkeiten und Defizite auf Führungsebene ist von großer Bedeutung, um ein gesundes Arbeitsumfeld zu schaffen. Schlechte Führung kann nicht nur den Erfolg gefährden, sondern auch das Wohl und die Zufriedenheit der Mitarbeitenden beeinträchtigen.

In der Welt des Managements ist es unerlässlich, dass junge Führungskräfte einen ausgewogenen Ansatz finden, der sowohl das Unternehmen als auch die Menschen berücksichtigt, die daran beteiligt sind. Es geht darum, eine positive Unternehmenskultur zu schaffen, die sowohl den Mitarbeitenden als auch dem Unternehmen langfristigen Erfolg und Zufriedenheit bringt. Die Fallstudie unterstreicht somit die Bedeutung von guter Führung und einem mitarbeiterzentrierten Ansatz für eine florierende Organisation.

DAS WICHTIGSTE IN KÜRZE

Hintergrundinformationen und Herausforderungen:
Das in Offenburg gegründete Unternehmen hatte Schwierigkeiten mit technologischer Rückständigkeit, fehlender Online-Präsenz und Personalproblemen.

Lösungsansätze unter Reiner:
Reiner setzte klare Ziele, fokussierte auf Digitalisierung, Personalentwicklung und Kundenorientierung.

Er implementierte Maßnahmen wie Schulungen, Entwicklung einer attraktiven Arbeitgebermarke, klare Kommunikation, und förderte Eigeninitiative und Verantwortung unter den Mitarbeitenden.

Ergebnisse:
Die Umsetzung dieser Strategien führte zur Vervierfachung der Mitarbeitendenzahl, Erweiterung des Dienstleistungsportfolios, gesteigerter Kundenzufriedenheit und verzehnfachter Einnahmen.

Situation nach Unternehmensverkauf:
Der neue Eigentümer zeigte eine schlechte Führung, was zu Mitarbeitendenabwanderung, Qualitätsverlust und niedrigeren Serviceleistungen führte.

Ratschläge von Reiner an junge Führungskräfte:
Reiner betont die Bedeutung von Qualität bei der Mitarbeitendenauswahl, angemessener Bezahlung, Investition in Mitarbeitendenentwicklung, Förderung von Vertrauen und Eigeninitiative, offener Kommunikation und klaren Arbeitsrichtlinien.

Schlüsselerkenntnisse:
Die Fallstudie unterstreicht die entscheidende Rolle guter, mitarbeitendenzentrierter Führung, offener Kommunikation, kontinuierlicher Mitarbeitendenentwicklung und klaren, strategischen Zielen für den Unternehmenserfolg.

Diese Erkenntnisse betonen die Bedeutung einer effektiven Führung und einer positiven Unternehmenskultur für den langfristigen Erfolg eines Unternehmens.

Fallstudie:

Great Place to Work

ANDREAS SCHUBERT
Geschäftsführer, GPTW Deutschland GmbH

Hintergrundinformationen

Andreas Schubert, der Gründer des renommierten Unternehmens »Great Place to Work«, hat sich in einem Interview eingehend zu seinen Erfahrungen mit Führungskultur und Führungskräften geäußert. Sein Unternehmen, das in 150 Ländern aktiv ist, setzt sich dafür ein, dass Menschen, so wie er es selbst sagt: »Sich darauf freuen, montags wieder mit Freude zur Arbeit gehen zu dürfen«. Dies basiert auf der Überzeugung, dass ein positives Arbeitsumfeld das Wohlbefinden der Mitarbeitenden fördert, Spaß, Engagement und Produktivität am Arbeitsplatz steigert und die Gesundheit der Mitarbeitenden in den Mittelpunkt stellt. Great Place to Work konzentriert sich auf die Entwicklung und Förderung einer modernen und zukunftsorientierten Unternehmenskultur, um genau diese Ziele zu erreichen.

Langjährige Kompetenz und Erfahrung

Durch die Arbeit mit tausenden von Unternehmen aus verschiedenen Branchen verfügt Great Place to Work über einen reichen Erfahrungsschatz in Bezug auf Führungskultur. In den letzten 20 Jahren hat das Unternehmen weltweit etwa 100.000 Unternehmen begleitet und allein in Deutschland etwa 5.000 davon tiefere Einblicke gewonnen. Für junge Führungskräfte kann Andreas Schubert also aus dem Vollen schöpfen, was Tipps und Ratschläge angeht, eine positive Führungskultur in ihrem Unternehmen zu etablieren.

Hintergrund zur Auszeichnung «Great Place to Work»

Um das zu realisieren, vergibt Great Place to Work jährlich Auszeichnungen an Unternehmen, die sich in herausragender Weise als großartige Arbeitsplätze hervorheben. Im folgenden Interview mit Andreas Schubert liegt der Fokus auf der Führungskultur und wie sie auf dem Niveau von «Great Place to Work» funktioniert. Great Place to Work hat Einblicke in verschiedene Unternehmen und deren Führungskulturen, was wertvolle Erkenntnisse, Anregungen und Schlussfolgerungen ermöglicht.

Die Herausforderungen für Führungskräfte

Die Führungskultur stellt einen grundlegenden Eckpfeiler jeder Unternehmenskultur dar, und junge Führungskräfte spielen eine maßgebliche Rolle bei ihrer Gestaltung. Andreas Schubert betont nachdrücklich, dass gute Führungskräfte einen erheblichen Einfluss auf das Mitarbeitendenerlebnis sowie den gesamten Erfolg des Unternehmens haben können, selbst wenn sie sich in anspruchsvollen und komplexen Umgebungen bewegen.

Die Herausforderungen, denen junge Führungskräfte gegenüberstehen können, sind äußerst vielfältig. In einer idealen Führungskultur sollten ihre Ziele jedoch darauf abzielen, erhebliche Verbesserungen zu erreichen:

1. **Reduzierung des Krankenstands um 75%:**
Eine gesunde Führungskultur als Teil der Unternehmenskultur kann dazu beitragen, die Gesundheit der Mitarbeitenden zu fördern und so den Krankenstand signifikant zu verringern. Dies bedeutet nicht nur eine gesteigerte Produktivität, sondern auch ein gesteigertes Wohlbefinden der Belegschaft.

2. Halbierung der Mitarbeitendenfluktuation:
Eine effektive Führung und positive Kultur kann dazu beitragen, dass Mitarbeitende sich stärker mit ihrem Unternehmen identifizieren, was wiederum die Fluktuationsrate erheblich reduzieren kann. Dies bedeutet eine höhere Mitarbeitendenbindung und eine stabilere Belegschaft.

3. Verdoppelung der Umsatzrendite:
Die Auswirkungen einer positiven Führungs- und Unternehmenskultur sind nicht auf das Wohlbefinden der Mitarbeitenden beschränkt, sondern können sich auch auf die finanzielle Leistung eines Unternehmens auswirken. Eine bessere Führung kann zu höherer Effizienz, Produktivität und letztendlich zu einer Verdoppelung der Umsatzrendite führen.

Junge Führungskräfte sollten sich dieser ehrgeizigen Ziele bewusst sein und bestrebt sein, ihre Führungsfähigkeiten zu entwickeln, um diese Herausforderungen anzugehen. Es liegt in ihrer Hand, eine positive und effektive Führungskultur zu schaffen, die nicht nur die Mitarbeitende, sondern auch das Unternehmen als Ganzes vorantreibt.

Die Lösung: Be a Great Place

Vertrauen als wichtige Schlüsselrolle

Andreas Schubert unterstreicht, dass Vertrauen hierbei eine bedeutende Schlüsselrolle spielt. Es sind seiner Ansicht nach drei grundlegende Qualitäten, die Vertrauen formen: Glaubwürdigkeit, Respekt und Fairness. Der Aufbau und die Aufrechterhaltung dieses Vertrauens sind von entscheidender Bedeutung. Hier liegt die Möglichkeit und die Verantwortung junger Führungskräfte, einen signifikanten Einfluss zu nehmen. Selbst in anspruchsvollen Umgebungen haben junge Führungskräfte die Möglichkeit, einen erheblichen Unterschied zu bewirken. Sie können als Katalysator für den Wandel fungieren und eine positive Führungskultur fördern, die auf diesen Grundprinzipien basiert. Vertrauen ist die Brücke, die es ermöglicht, selbst in schwierigen Zeiten die besten Ergebnisse zu erzielen.

Die Kunst besteht darin, auch inmitten von Unsicherheit und Widerstand eine Vertrauensbasis zu schaffen und aufrechtzuerhalten. Dies erfordert nicht nur eine klare Vision, sondern auch die Bereitschaft, diese Werte authentisch zu leben und im Team zu verankern. Junge Führungskräfte haben die einzigartige Gelegenheit, diesen Weg zu beschreiten und Veränderungen in Gang zu setzen, die weit über die Kennzahlen hinausgehen und die Unternehmenskultur nachhaltig gestalten.

Eigenschaften guter Führungskräfte

Moderne Führung ist ein Paradigmenwechsel, der traditionelle Hierarchien in den Hintergrund rückt und die Bedeutung von Partizipation und Zusammenarbeit betont. Eine moderne Führungskraft agiert nicht von oben herab, sondern auf Augenhöhe mit ihren Mitarbeitenden. Sie erkennt den Wert der Ideen und Beiträge aller Teammitglieder an und sieht die Zusammenarbeit als Schlüssel zur Erreichung der gemeinsamen Ziele. Dies erfordert eine offene und transparente Kommunikation, in der Informationen und Entscheidungsprozesse geteilt werden.

Darüber hinaus ist eine moderne Führungskraft nicht nur auf den Erfolg des Unternehmens fokussiert, sondern auch auf das Wohl ihrer Mitarbeitenden. Führung sollte nicht nur führen, sondern zugleich fürsorgen. Sie zeigt Fürsorge, indem sie sicherstellt, dass die Arbeitsbedingungen für alle Mitarbeitenden gesund und unterstützend sind. Diese Rücksichtnahme, die auf das Wohl der Belegschaft setzt, schafft eine positive Arbeitsumgebung, in der sich Mitarbeitende wertgeschätzt und respektiert fühlen.

Die Grundprinzipien einer guten Führungskraft

Laut Schubert sind die wichtigsten Bausteine einer guten Führung Respekt, Fairness, Glaubwürdigkeit und Vertrauen. Respekt bedeutet, die Würde und Meinungen jedes und jeder Mitarbeitenden anzuerkennen. Fairness zeigt sich in der objektiven Behandlung aller Mitarbeitenden und in der Implementierung fairer Prozesse. Glaubwürdigkeit wird erreicht, indem man das vorlebt, was man von seinen Mitarbeitenden erwartet. Vertrauen ist ein Schlüsselelement moderner Führung und entsteht, wenn Führungskräfte ihren Mitarbeitenden vertrauen und umgekehrt.

Insgesamt bildet eine respektvolle, faire, glaubwürdige und vertrauensvolle Beziehung zwischen Führungskräften und Mitarbeitenden das Fundament einer modernen Führungskultur. Diese Qualitäten sind nicht nur leere Worthülsen, sondern werden aktiv in den Handlungen und Entscheidungen der Führungskräfte gelebt und umgesetzt. Diese Art der Vorbildfunktion trägt maßgeblich zur Schaffung einer positiven und effektiven Arbeitsumgebung bei.

Was Andreas Schubert jungen Führungskräften mitgeben möchte

Im Folgenden gibt Schubert wertvolle Tipps, die sich junge Führungskräfte zu Herzen nehmen sollten:

Entscheide mit den Füßen: Verändere dein Umfeld aktiv
Eine der wichtigsten Entscheidungen, die junge Führungskräfte treffen können, ist die bewusste Wahl ihres beruflichen Umfelds. Wenn die Rahmenbedingungen für eine gute Führungskultur nicht gegeben sind, sollten sie in Betracht ziehen, aktiv etwas zu ändern. Dies kann auf verschiedene Arten geschehen. Sie könnten versuchen, innerhalb ihres aktuellen Unternehmens eine Nische für eine positive Führungskultur zu schaffen, indem sie mit Gleichgesinnten zusammenarbeiten und Best Practices etablieren. Alternativ dazu könnten sie auch die Option in Betracht ziehen, nach einem neuen Arbeitgeber zu suchen, der bereits eine positive Führungskultur unterstützt. Die Entscheidung für das richtige berufliche Umfeld kann einen erheblichen Einfluss auf den Erfolg und die Zufriedenheit junger Führungskräfte haben.

Sei transparent und glaubwürdig: Pflege eine offene Kommunikation und Vertrauenswürdigkeit
Transparente und glaubwürdige Kommunikation sind entscheidende Elemente einer modernen Führungskultur. Junge Führungskräfte sollten wichtige Informationen teilen und eine offene Kommunikationsebene schaffen, auf der ihre Mitarbeitenden sich gehört und respektiert fühlen.

Der Schlüssel liegt darin, auf Augenhöhe zu agieren und aktiv zuzuhören. Die Betonung von Teamarbeit und Leistung schafft ein Umfeld, in dem Mitarbeitenden motiviert und ermutigt werden, ihr Bestes zu geben. Eine solche Kultur der Transparenz und Vertrauenswürdigkeit fördert das Engagement und die Zusammenarbeit im Team und trägt maßgeblich zum Erfolg bei.

Fokus auf High Performer richten: Die Stärken betonen
In vielen Führungssituationen stehen Vorgesetzte vor der Herausforderung, sowohl hochleistende als auch weniger leistungsstarke Mitarbeitenden in ihren Teams zu haben. Oft neigt man dazu, den Fokus auf diejenigen zu legen, die nicht die erwarteten Leistungen erbringen und deren Defizite zu analysieren. Dieser Ansatz kann jedoch dazu führen, dass wir in einen Modus der Reglementierung und Überwachung verfallen, wobei das eigentliche Ziel, nämlich Spitzenleistungen zu erreichen, aus dem Blick gerät.

Das Problem dabei ist, dass dieser negative Fokus sich nicht nur auf die betroffenen Mitarbeitenden auswirkt, sondern auch auf das gesamte Team. Es kann zu einer Spaltung zwischen High Performern und Low Performern führen, wobei die Aufmerksamkeit verstärkt auf diejenigen gelenkt wird, die Schwierigkeiten haben, die Erwartungen zu erfüllen. Dieser Ansatz kann demoralisierend und demotivierend wirken.

Die Lösung liegt darin, den Spieß umzudrehen und die Aufmerksamkeit verstärkt auf die Mitarbeitenden zu richten, die konstant gute Leistungen erbringen, bereit sind, ihr Bestes zu geben und gut im Team arbeiten. Diese High Performer sind in der Regel die treibende Kraft hinter dem Erfolg des Teams und verdienen Anerkennung und Unterstützung.

Es ist wichtig, den Low Performern klarzumachen, dass sie nicht zum exklusiven «Club» der High Performer gehören, aber gleichzeitig sollten sie motiviert werden, sich an den starken Teammitgliedern zu orientieren und von ihnen zu lernen. Dies kann als Ansporn dienen, ihre eigene Leistung zu steigern und sich in die positive Dynamik des Teams einzubringen.

Insgesamt sollte das Ziel sein, die Stärken und Potenziale der High Performer zu nutzen, um die gesamte Teamleistung zu steigern, anstatt sich ausschließlich auf die Schwächen der Low Performer zu konzentrieren. Dieser Ansatz fördert eine positive und produktive Arbeitsumgebung und trägt dazu bei, dass das gesamte Team erfolgreich ist.

Mindset junger Führungskräfte

Es ist entscheidend für junge Führungskräfte, ein bestimmtes Mindset zu kultivieren, das auf Grundwerten wie Vertrauen, Fairness, Glaubwürdigkeit und Respekt basiert. Dieses Mindset bildet das Fundament einer gesunden Führungskultur. Es bedeutet, ein Umfeld zu schaffen, in dem Respekt und Inklusion an erster Stelle stehen. Junge Führungskräfte sollten verstehen, dass sie nicht nur Anweisungen geben, sondern auch ein respektvolles Miteinander fördern müssen. Das Erzeugen von Vertrauen in ihrer Führungsrolle erfordert nicht nur das Einhalten von Verpflichtungen, sondern auch das aktive Vorleben der erwarteten Verhaltensweisen.

Gutes Vorbildverhalten und Integrität sind entscheidend, um das Vertrauen ihrer Mitarbeitenden zu gewinnen. Wenn junge Führungskräfte einen ehrlichen und respektvollen Umgang pflegen und die gleichen Standards an sich selbst anlegen wie an ihre Teams, schaffen sie eine Grundlage für eine erfolgreiche Führung. Das bedeutet auch, Verantwortung zu übernehmen und konsequent die Werte und Prinzipien zu leben, die sie von ihren Mitarbeitenden erwarten.

Gute Beispiele für Vertrauen in der Führungskultur

Positivbeispiele für eine gute Führungskultur sind Unternehmen, die innovative Wege zur Förderung von Vertrauen und Kommunikation nutzen. Firmeneigene Podcasts bieten Mitarbeitenden die Möglichkeit, über interne Neuigkeiten und Entwicklungen informiert zu bleiben und eine offene Kommunikation zu erleben. Führungskräfte-Frühstücke schaffen informelle Möglichkeiten für den Austausch zwischen Führungskräften und Mitarbeitenden, was das Vertrauen stärkt.

Eine weitere positive Praxis ist die Offenlegung interner Unternehmensdaten, die für Transparenz und Offenheit sorgt. Dies zeigt den Mitarbeitenden, dass die Führungsebene Vertrauen in ihre Integrität hat und bereit ist, Informationen zu teilen.

Negativbeispiele für fehlendes Vertrauen

Negativbeispiele zeigen sich in Unternehmen, die Homeoffice verbieten, aus Mangel an Vertrauen in ihre Mitarbeitenden. Dieses Verbot zeigt deutlich, dass das Vertrauen in die Eigenverantwortung der Mitarbeitenden fehlt. Es signalisiert Misstrauen gegenüber der Arbeitsmoral der Mitarbeitenden und kann sich negativ auf die Motivation und Produktivität auswirken. Dies zeigt, wie das Fehlen von Vertrauen das Arbeitsumfeld und die Unternehmenskultur stark beeinflussen kann.

Schlüsselerkenntnisse aus der Fallstudie

Die Erkenntnisse aus dem Interview mit Andreas Schubert sind von grundlegender Bedeutung für junge Führungskräfte. Schubert betont eindringlich die entscheidende Rolle, die gute Führungskräfte in der Gestaltung einer positiven Arbeitskultur spielen können. Sie sind maßgeblich dafür verantwortlich, wie Mitarbeitenden ihr Arbeitsumfeld erleben und wie erfolgreich das Unternehmen ist. Diese Erkenntnis verdeutlicht die enorme Verantwortung, die auf den Schultern von Führungskräften lastet.

Die Schlüsselqualitäten, die junge Führungskräfte entwickeln sollten, um eine inspirierende Führungskultur zu etablieren, sind klar umrissen. Vertrauen steht an erster Stelle, denn ohne Vertrauen zwischen Führungskraft und Team ist eine erfolgreiche Zusammenarbeit nahezu unmöglich. Fairness ist ebenso entscheidend, um eine gerechte und ausgewogene Arbeitsumgebung zu schaffen.

Glaubwürdigkeit ist ein weiteres zentrales Element. Führungskräfte müssen in der Lage sein, die Werte und Verhaltensweisen vorzuleben, die sie von ihren Mitarbeitern erwarten. Nur so können sie als Vorbilder dienen und die nötige Authentizität für eine inspirierende Führungskultur schaffen.

Der letzte, aber keineswegs geringere Aspekt ist Respekt. Respektvoller Umgang miteinander bildet das Fundament einer modernen Führungskultur. Es geht darum, die Individualität und Würde jeder und jedes Mitarbeitenden anzuerkennen und zu schützen.

Diese Schlüsselerkenntnisse verdeutlichen, dass junge Führungskräfte, wenn sie die richtige Einstellung und Herangehensweise entwickeln, nicht nur ihre Teams stärken können, sondern auch eine nachhaltige positive Veränderung in ihren Unternehmen bewirken können. Sie sind die Gestalter einer inspirierenden Führungskultur, die das Wohlbefinden der Mitarbeitenden fördert und gleichzeitig den Unternehmenserfolg vorantreibt. Damit tragen sie maßgeblich dazu bei, dass Montage wieder mit Freude erwartet werden können und Unternehmen zu großartigen Arbeitsplätzen werden.

DAS WICHTIGSTE IN KÜRZE

Hintergrundinformationen:
Die Fallstudie präsentiert Andreas Schubert, den Gründer von «Great Place to Work», einem Unternehmen, das sich weltweit für die Schaffung positiver Arbeitsumgebungen einsetzt. Es hat Tausende von Unternehmen begleitet, tiefe Einblicke gewonnen und vergibt jährlich Auszeichnungen an herausragende Arbeitsplätze.

Herausforderungen für Führungskräfte:
Schubert betont die entscheidende Rolle guter Führungskräfte für das Mitarbeitererlebnis und den Unternehmenserfolg. Herausforderungen für junge Führungskräfte beinhalten die Reduzierung des Krankenstands, Halbierung der Mitarbeitendenfluktuation und Verdoppelung der Umsatzrendite.

Die Lösung: Be a Great Place:
Vertrauen spielt eine Schlüsselrolle für den Erfolg. Schubert hebt drei Qualitäten hervor, die Vertrauen formen: Glaubwürdigkeit, Respekt und Fairness. Junge Führungskräfte können selbst in anspruchsvollen Umgebungen erhebliche Unterschiede bewirken.

Eigenschaften guter Führungskräfte:
Eine moderne Führungskraft agiert auf Augenhöhe mit ihren Mitarbeitenden, erkennt den Wert aller Teammitglieder an und betont die Bedeutung von Partizipation und Zusammenarbeit.

Ratschläge an junge Führungskräfte:
Schubert empfiehlt jungen Führungskräften, aktiv ihr Umfeld zu verändern, transparent und glaubwürdig zu kommunizieren und den Fokus auf High Performer zu legen. Das Kultivieren eines Mindsets basierend auf Vertrauen, Fairness, Glaubwürdigkeit und Respekt ist entscheidend.

Beispiele für Vertrauen in der Führungskultur:
Unternehmen, die Vertrauen und Kommunikation fördern, nutzen innovative Wege wie firmeneigene Podcasts und Führungskräfte-Frühstücke. Negativbeispiele sind Unternehmen, die Homeoffice verbieten.

Schlüsselerkenntnisse aus der Fallstudie:
Die Fallstudie unterstreicht die immense Verantwortung von Führungskräften und die Bedeutung von Vertrauen, Fairness, Glaubwürdigkeit und Respekt. Junge Führungskräfte, die diese Werte umsetzen, können eine positive Veränderung in ihren Unternehmen bewirken und zu einer inspirierenden Führungskultur beitragen.

4.

Persönliche Weiterbildung und Entwicklung

Willkommen zum vierten und letzten Teilbereich dieses Buches, der sich der persönlichen Weiterbildung und Entwicklung widmet. Wenn Sie es bis hierher geschafft haben, kennen Sie bereits die Grundlagen der Führung und haben verschiedene Fallstudien durchgearbeitet, um Ihre Kenntnisse zu vertiefen. Jetzt ist es an der Zeit, den Fokus auf sich selbst zu legen.

In einer Welt, die sich ständig verändert, ist die Fähigkeit zur Anpassung und ständigen Weiterbildung unerlässlich. Während die vorherigen Kapitel Ihnen die Werkzeuge an die Hand gegeben haben, um als Führungskraft erfolgreich zu sein, zielt dieser Abschnitt darauf ab, Sie als Individuum zu stärken. Denn letztlich sind Sie das wertvollste Instrument in Ihrem Führungsrepertoire.

Im Folgenden werden wir uns mit verschiedenen Bereichen beschäftigen, die für Ihre persönliche und berufliche Entwicklung von Bedeutung sind. Von der Stärkung der Selbstkenntnis und emotionalen Intelligenz bis hin zur Verbesserung Ihrer Kommunikationsfähigkeiten und des Zeitmanagements – das Ziel hierbei ist, Ihnen ein ganzheitliches Bild der Fähigkeiten zu vermitteln, die eine moderne Führungskraft ausmachen. Hierbei werden die jeweiligen Inhalte nur kurz angeschnitten und vorgestellt, damit Sie einen umfangreichen Überblick erhalten, um bei Bedarf die jeweiligen Ansätze selbst verfolgen und vertiefen zu können.

Der Abschnitt schließt mit einem Aktionsplan ab, der Ihnen dabei helfen wird, einen klaren und strukturierten Weg für Ihre Zukunft als Führungskraft zu skizzieren. Dieser soll nicht nur als Leseerfahrung dienen, sondern auch als Arbeitsbuch, das Sie immer wieder konsultieren können, während Sie Ihre Karriere vorantreiben.

Setzen Sie die Segel und bereiten Sie sich auf die nächste Etappe Ihrer Führungskarriere vor. Es ist Zeit, das Steuer in die Hand zu nehmen und die vielen Möglichkeiten zur persönlichen Weiterentwicklung zu erkunden.

Selbstkenntnis

«Erkenne dich selbst», lautet eine der bekanntesten Inschriften am Tempel des Apollo in Delphi. Auch wenn dieser Spruch aus der Antike stammt, hat er in der modernen Führungslandschaft nichts an Relevanz verloren. Tatsächlich ist die Fähigkeit zur Selbstkenntnis einer der Eckpfeiler effektiver Führung. Aber warum ist das so?

Selbstbewusstsein und seine Bedeutung in der Führung

Selbstbewusste Führungskräfte sind in der Lage, klare und überlegte Entscheidungen zu treffen, weil sie ihre Stärken und Schwächen kennen. Sie können Aufgaben delegieren, die besser zu den Fähigkeiten ihrer Teammitglieder passen, und sie wissen, wann sie um Hilfe oder Rat fragen sollten. Diese Form der Selbstkenntnis trägt nicht nur zu effektiverer Führung bei, sondern schafft auch ein Umfeld des Vertrauens und der Authentizität.

Techniken zur Selbstanalyse

Selbstkenntnis kommt nicht von heute auf morgen, sie ist ein fortwährender Prozess, der von Ihnen verlangt, dass Sie sich Zeit nehmen, um über Ihre Erfahrungen, Reaktionen und Entscheidungen nachzudenken. Techniken wie Selbstreflexion und sogar professionelle Persönlichkeitstests können Ihnen dabei helfen, ein klareres Bild von sich selbst zu bekommen.

Die Wichtigkeit von Feedback

Es kann schwierig sein, uns selbst objektiv zu betrachten, deshalb ist Feedback ein unschätzbares Werkzeug auf dem Weg zur Selbstkenntnis. Sei es durch formelle Leistungsbeurteilungen oder durch offene und ehrliche Gespräche mit Teammitgliedern und Kollegen, denn externe Perspektiven können uns wichtige Einsichten in unsere Verhaltensweisen und Arbeitsstile bieten.

Zusammenfassung

Wir haben die zentrale Rolle der Selbstkenntnis in der Führung untersucht und haben die Bedeutung des Selbstbewusstseins hervorgehoben und Methoden zur Selbstanalyse sowie zur Sammlung von Feedback vorgestellt. Diese Elemente bilden die Grundlage für alle weiteren

Fähigkeiten, die eine effektive Führungskraft ausmachen. Es ist ein fortwährender Prozess, aber einer, der die Investition mehr als wert ist.

Emotionale Intelligenz

Emotionale Intelligenz ist weit mehr als ein Modewort in der Führungsliteratur, sie ist ein entscheidender Faktor für den Erfolg in jeder Führungsposition. Die Fähigkeit, Emotionen bei sich selbst und anderen zu erkennen, zu verstehen und angemessen darauf zu reagieren, ist ein Schlüsselattribut effektiver Führungskräfte.

Was ist emotionale Intelligenz und warum ist sie wichtig?
Emotionale Intelligenz beinhaltet mehrere Komponenten: Selbstbewusstsein, Selbstregulierung, soziale Kompetenz, Empathie und intrapersonale Fähigkeiten. Sie beeinflusst, wie wir Stress bewältigen, Konflikte lösen, kommunizieren und teamübergreifend arbeiten. Ein hoher EQ (Emotionaler Quotient) kann zu besseren Arbeitsbeziehungen, erhöhtem Wohlstand und letztlich zu einer erfolgreichen Führungsarbeit führen.

Praktische Tipps zur Verbesserung der emotionalen Intelligenz:

- Aktives Zuhören: Lernen Sie, wirklich zuzuhören, statt nur auf Ihre Gelegenheit zur Antwort zu warten. Fassen Sie gegebenenfalls das Gehörte in eigenen Worten zusammen, um sicherzugehen, dass Sie das Anliegen Ihres Gegenübers korrekt verstanden haben.

- Empathie üben: Versuchen Sie, sich in die Sichtweise und Position Ihrer Kollegen oder Mitarbeitenden hineinzuversetzen.

- Selbstregulierung: Entwickeln Sie Mechanismen, um in stressigen Situationen ruhig und überlegt zu bleiben. Antworten Sie hierbei nicht umgehend, sondern nehmen sich einen Moment Zeit, Ihren ersten Impuls zu überdenken und Ihre Worte klar zu formulieren.

Empathie als Führungsinstrument
Empathie ermöglicht es Ihnen, die Bedürfnisse und Sorgen Ihrer Mitarbeitenden besser zu verstehen. Sie ist nicht nur wichtig für den Aufbau von Vertrauen, sondern hilft Ihnen auch dabei, ein effektiver Kommunikator und Problemlöser zu sein. Ein empathischer Führungsstil kann zu einem positiveren Arbeitsklima und zu einer höheren Mitarbeitendenbindung führen.

Zusammenfassung
Emotionale Intelligenz ist keine statische Eigenschaft, sondern eine Fähigkeit, die entwickelt und verbessert werden kann. In diesem Kapitel haben wir die verschiedenen Aspekte emotionaler Intelligenz und deren Bedeutung im Führungsalltag beleuchtet. Die praktischen Tipps sollen Ihnen helfen, Ihre eigene emotionale Intelligenz zu stärken, damit Sie in Ihrer Rolle als Führungskraft erfolgreich sein können.

Zeitmanagement und Produktivität

Zeit ist eine der wenigen Ressourcen, die wir nicht zurückgewinnen können, ein effektives Zeitmanagement ist daher für Führungskräfte unerlässlich. Wie können Sie sicherstellen, dass Ihre wertvolle Zeit gut investiert ist und Sie dabei sowohl Ihre Ziele als auch die Ihres Teams erreichen?

Techniken zur effektiven Zeiteinteilung:

- Die Eisenhower-Matrix: Lernen Sie, Aufgaben nach Dringlichkeit und Wichtigkeit zu ordnen.
- Die Pomodoro-Technik: Arbeiten Sie in fokussierten Intervallen, um Produktivität und Konzentration zu steigern.
- To-Do-Listen und Priorisierung: Erfahren Sie, wie Sie Aufgaben sinnvoll priorisieren und abarbeiten können.

Umgang mit Stress und Burnout

Stress ist in Führungspositionen oft unausweichlich, aber wie Sie damit umgehen, macht den Unterschied. Burnout ist nicht nur persönlich schädlich, sondern kann auch Auswirkungen auf Ihr Team haben. Erlernen Sie Strategien zur Stressbewältigung und zur Erkennung der Anzeichen von Burnout, um rechtzeitig entgegenwirken zu können.

Work-Life-Balance

Eine gesunde Work-Life-Balance ist nicht nur für Ihre persönliche Zufriedenheit wichtig, sondern auch für Ihre langfristige Wirksamkeit als Führungskraft. Lernen Sie Techniken zur Abgrenzung und zur Erhaltung Ihrer mentalen und physischen Gesundheit.

Zusammenfassung

In diesem Kapitel haben wir uns darauf konzentriert, wie Sie Ihre Zeit effektiv managen und dabei sowohl produktiv als auch geistig und körperlich gesund bleiben können. Zeitmanagement ist eine Kunst, die kontinuierliche Anpassung und Reflexion erfordert. Indem Sie die hier vorgestellten Techniken und Prinzipien anwenden, setzen Sie einen wichtigen Schritt in Richtung einer effektiven und zufriedenstellenden Führungsarbeit.

Kommunikation und Beziehungsaufbau

Eine der Kernkompetenzen jeder erfolgreichen Führungskraft ist die Fähigkeit, effektiv zu kommunizieren. Darüber hinaus sind der Aufbau und die Pflege von Beziehungen sowohl innerhalb als auch außerhalb des Unternehmens entscheidend für den langfristigen Erfolg.

Die Kunst der klaren Kommunikation

- Aktives Zuhören: Hören Sie nicht nur zu, um zu antworten, sondern um zu verstehen.

- Klarheit und Präzision: Vermeiden Sie Missverständnisse, indem Sie klar und präzise kommunizieren.

- Nonverbale Kommunikation: Achten Sie auf Körpersprache, Mimik und Gestik, sowohl bei sich selbst als auch bei anderen.

Konfliktmanagement

Früher oder später wird jede Führungskraft mit Konflikten konfrontiert. Ob zwischen Teammitgliedern oder zwischen Ihnen und einem Mitarbeitenden, effektives Konfliktmanagement ist entscheidend.

- Konflikterkennung: Lernen Sie, Anzeichen für aufkommende Konflikte frühzeitig zu erkennen.

- Vermittlung und Lösungsfindung: Anwendung praktischer Methoden zur Deeskalation und Problemlösung.

Networking und Mentoring

Das Sprichwort «Es ist nicht nur wichtig, was, sondern auch, wen du kennst» ist in der Geschäftswelt oft zutreffend. Networking und Mentoring sind wichtige Instrumente, um als Führungskraft erfolgreich zu sein.

- Warum Networking wichtig ist: Erfahren Sie, wie Sie Ihr professionelles Netzwerk erweitern und pflegen können.

- Die Bedeutung von Mentoring: Sowohl als Mentor als auch als Mentee können Sie wertvolle Erfahrungen sammeln.

Zusammenfassung

In diesem Kapitel haben wir die Bedeutung effektiver Kommunikation und des Beziehungsaufbaus in der Führungsrolle beleuchtet. Von der Kunst der Kommunikation bis zum Umgang mit Konflikten und dem Aufbau eines professionellen Netzwerks - all diese Elemente sind entscheidend für Ihre Karriere und Ihr persönliches Wachstum als Führungskraft.

Führungsstile und Anpassungsfähigkeit

Es gibt keinen «one-size-fits-all»-Ansatz für die Führung, verschiedene Teams, Projekte und Kontexte erfordern unterschiedliche Führungsstile. In diesem Kapitel erforschen wir einige der gängigsten Führungsstile und wie Sie Ihre Herangehensweise je nach Situation anpassen können.

Verschiedene Führungsstile

- **Transformationale Führung:** Inspiration und Motivation des Teams durch eine überzeugende Vision und starkes persönliches Charisma.

- **Situative Führung:** Erfahren Sie, wie man den Führungsstil an den Entwicklungsstand des Teams und die jeweiligen Anforderungen anpasst.

- **Feedback-Schleifen:** Stellen Sie sicher, dass Sie kontinuierlich Feedback von Ihrem Team und anderen Stakeholdern erhalten, um Ihre Führungstechniken anzupassen.

- **Fallstricke vermeiden**

- **Micromanagement:** Lernen Sie, die Balance zwischen Überwachung und Autonomie zu finden.

- **Inkonsistenz:** Vermeiden Sie Verwirrung und Unsicherheit im Team durch eine konsequente Führungsarbeit.

Zusammenfassung

Die effektive Ausübung von Führung erfordert eine Vielzahl von Ansätzen und die Fähigkeit, sich an verschiedene Situationen und Herausforderungen anzupassen. In diesem Kapitel haben wir verschiedene Führungsstile und die Bedeutung der Anpassungsfähigkeit untersucht. Der Schlüssel zur effektiven Führung liegt in der Anpassung Ihrer Strategien an die jeweiligen Bedürfnisse und Ziele, ohne dabei die Grundprinzipien guter Führung aus den Augen zu verlieren.

Nachhaltige Führung und Unternehmenskultur

Nachhaltige Führung geht über die Erzielung kurzfristiger Gewinne hinaus, sie bezieht langfristige Visionen, ethisches Handeln und die Unternehmenskultur mit ein. In diesem Kapitel betrachten wir, wie junge Führungskräfte eine Kultur des nachhaltigen Erfolgs schaffen können.

Die Elemente einer starken Unternehmenskultur sind:

- **Geteilte Werte und Vision:** Schaffen Sie eine Kultur, in der die Unternehmenswerte und die Vision von allen Mitarbeitenden geteilt und verstanden werden.

- **Offene Kommunikation:** Fördern Sie eine Umgebung, in der alle Mitarbeitenden ihre Meinungen und Ideen frei äußern können.

Ethik und Integrität in der Führung

- **Transparenz:** Seien Sie ehrlich und transparent in Ihren Entscheidungen und Handlungen.

- **Verantwortung:** Übernehmen Sie die Verantwortung für Ihre Handlungen und die Ihres Teams, insbesondere bei Fehlern oder Problemen.

Nachhaltigkeit als Führungsaufgabe

- **Soziale Verantwortung:** Wie Sie einen positiven Einfluss auf die Gemeinschaft und die Gesellschaft haben können.

- **Umweltverantwortung:** Einführung nachhaltiger Praktiken in Ihr Team oder Ihr Unternehmen.

Mitarbeitendenentwicklung und -bindung

- **Weiterbildung:** Fördern Sie das Lernen und die Entwicklung Ihrer Mitarbeitenden durch Trainings und Weiterbildungen.

- **Mitarbeitendenbindung:** Erfahren Sie, wie Sie durch eine positive Unternehmenskultur, attraktive Leistungen und Karrierechancen qualifizierte Mitarbeitende an Ihr Unternehmen binden können.

Zusammenfassung
Nachhaltige Führung ist ein langfristiges Engagement, das über die Erzielung von Quartalsgewinnen hinausgeht. In diesem Kapitel haben wir erörtert, wie Sie durch ethisches Verhalten, die Pflege einer starken Unternehmenskultur und das Einbringen von Nachhaltigkeit in Ihre Führungsstrategie einen dauerhaften Erfolg sicherstellen können.

Fazit: Die Reise der ständigen Weiterentwicklung

Sie sind am Ende dieses Buches angekommen, aber in Wahrheit ist dies nur der Anfang Ihrer Reise als junge Führungskraft. Führung ist kein Ziel, sondern ein Prozess, eine fortwährende Reise der Weiterentwicklung und des Lernens.

Um Ihnen rückblickend eine grobe Übersicht über das Erlernte zu ermöglichen, folgt eine kurze Zusammenfassung der Schlüsselthemen:

- **Grundlagen der Führung:** Wir haben die elementaren Bausteine der Führung behandelt, von der Selbstkenntnis bis zur Teamdynamik.

- **Führungsstile und Anpassungsfähigkeit:** Verschiedene Kontexte erfordern unterschiedliche Herangehensweisen. Die Fähigkeit, Ihren Führungsstil anzupassen, ist entscheidend.

- **Nachhaltige Führung und Unternehmenskultur:** Langfristiger Erfolg hängt von einer starken, ethischen Unternehmenskultur ab.

- **Technologie im Führungsalltag:** Digitale Tools sind unverzichtbare Helfer, aber auch eine Herausforderung in der modernen Arbeitswelt.
- **Fachliche Weiterbildung:** Kontinuierliche Selbstverbesserung durch Weiterbildung und Qualifikationen ist unabdingbar.

Die Reise der ständigen Weiterentwicklung

Führung ist nicht statisch, sie ist dynamisch und verändert sich mit der Zeit, den Herausforderungen und den Menschen, die Sie führen. Selbst die erfahrensten Führungskräfte werden Ihnen sagen, dass sie immer noch lernen und wachsen. Der Schlüssel zur effektiven Führung liegt im Streben nach ständiger Weiterentwicklung.

Lernen und Anpassen: Die Führungswelt ist ständig im Wandel. Seien Sie bereit, Ihre Ansichten und Methoden kontinuierlich zu überprüfen und anzupassen.

Mentoring und Netzwerke: Suchen Sie nach Möglichkeiten, sowohl von anderen zu lernen als auch Ihr eigenes Wissen weiterzugeben.

In dieser Reise gibt es keine Endstation, jede Herausforderung bietet eine neue Lernmöglichkeit, und jede Erfahrung ist ein weiterer Schritt auf dem Weg zur Verbesserung Ihrer Führungsqualitäten. Also bleiben Sie neugierig, seien Sie mutig und nehmen Sie die Herausforderungen, die vor Ihnen liegen, mit Begeisterung an.

Online-Kurs zum Buch: Ihre Einladung zur Exzellenz

Ihr kostenfreier Online-Kurs: Die wichtigsten Führungsinstrumente im Überblick

Sie haben das Buch gelesen und wollen nun die Theorie in die Praxis umsetzen? Wir haben genau das Richtige für Sie: Unseren exklusiven, kostenfreien Online-Kurs, der die Inhalte des Buches vertieft und Ihnen praktische Werkzeuge an die Hand gibt!

Was erwartet Sie?

- **Über 1,5 Stunden Videomaterial:** Wir gehen noch einmal auf alle Schlüsselthemen des Buches ein und bieten Ihnen tiefergehende Informationen und praktische Tipps.

- **Individuelle Videos zu jedem Führungsinstrument:** Sie erhalten ein maßgeschneidertes Video für jedes Führungsinstrument, damit Sie sich vollständig in die Materie einarbeiten können.

- **Digitale Merkkarten mit Step-by-Step Anleitungen:** Zu jedem Führungsinstrument erhalten Sie eine digitale Merkkarte, die eine Schritt-für-Schritt-Anleitung zur Anwendung enthält. Diese Karten können Sie jederzeit aufrufen, um sich vor wichtigen Gesprächen oder Entscheidungen noch einmal vorzubereiten.

- **13 umfassende Lektionen:** Der Kurs ist in 13 Lektionen unterteilt, die Sie flexibel nach Ihrem eigenen Tempo durchgehen können.

- **Volle Flexibilität:** Der Kurs ist für alle Endgeräte optimiert. Ob am Computer, Tablet oder Smartphone, Sie können den Kurs jederzeit und überall aufrufen.

Warum sollten Sie teilnehmen?

- **Praktische Umsetzung:** Die Merkkarten sind ein Herzstück des Kurses und bieten Ihnen eine sofort anwendbare Schritt-für-Schritt-Anleitung.

- **Zeit- und Ortsunabhängigkeit:** Sie können den Kurs überall und jederzeit durchführen und die Materialien so oft wiederholen, wie Sie möchten.

- **Individuelle Vorbereitung:** Wir erhalten immer wieder das Feedback, dass gerade die digitalen Merkkarten von Führungskräften geschätzt werden. Sie bieten die Möglichkeit, sich individuell auf Gespräche und Situationen vorzubereiten.

- **Keine zusätzlichen Kosten:** Der Kurs ist völlig kostenfrei und eine perfekte Ergänzung zum Buch.

Machen Sie den nächsten Schritt in Ihrer Führungskarriere und melden Sie sich jetzt für unseren kostenfreien Online-Kurs an!

Hier anmelden:

www.leadmark.de/chef

5.

Vorstellung LEADMARK™

LEADMARK™ - Setting Standards in Leadership
In der dynamischen Welt von heute ist eine effektive und zukunftsorientierte Führung entscheidend für den Erfolg eines jeden Unternehmens. Genau hier setzt LEADMARK™ an. Als Experte für Führungskräfteentwicklung stehen wir Ihnen zur Seite, um sicherzustellen, dass Ihre Führungskräfte und Teams ihr volles Potenzial entfalten können.

Branchenübergreifende Expertise
Unser Team von erfahrenen Coaches und Beratern begleitet Unternehmen aus den unterschiedlichsten Branchen auf ihrem Weg zur Exzellenz in der Führung. Wir wissen, dass jede Branche ihre eigenen Herausforderungen mit sich bringt, und haben die Erfahrung und das Know-how, um spezifische Lösungen anzubieten, die auf Ihre Bedürfnisse zugeschnitten sind.

Umfassende Jahresausbildung
Mit unserer Jahresausbildung für junge Führungskräfte bieten wir einen ganzheitlichen Ansatz, der Theorie und Praxis verbindet, um sicherzustellen, dass Ihre Führungskräfte nicht nur das nötige Wissen, sondern auch die erforderlichen Fähigkeiten erwerben, um in ihrer Rolle erfolgreich zu sein.

Individuelles Coaching
Unser Coaching-Ansatz geht über die herkömmliche Beratung hinaus. Wir bieten individuelle Betreuung, um Ihre Führungskräfte bis hin zum ersten Führungskreis optimal zu unterstützen und ihnen dabei zu helfen, ihre individuellen und organisatorischen Ziele zu erreichen.

Breites Portfolio
Von spezialisierten Trainings und Workshops bis hin zu umfassender Beratung – unser Portfolio deckt ein breites Spektrum an Dienstleistungen ab, die darauf abzielen, die Führungskompetenzen in Ihrem Unternehmen zu stärken.

Innovation und Zukunftsfähigkeit
LEADMARK™ ist stolz darauf, an der Spitze der Innovation zu stehen. Wir beschäftigen uns intensiv mit zukunftsweisenden Themen wie der Führung in einem globalen Kontext und der Integration von künstlicher Intelligenz in Führungsprozesse. So stellen wir sicher, dass Ihr Unternehmen nicht nur heute, sondern auch morgen erfolgreich geführt wird.

Mit LEADMARK™ haben Sie einen verlässlichen Partner an Ihrer Seite, der Sie dabei unterstützt, Ihre Führungskräfte zu fördern und Ihr Unternehmen erfolgreich in die Zukunft zu führen.

Vielfach ausgezeichnet
Unser Engagement für Exzellenz und Nachhaltigkeit wurde in den letzten Jahren vielfach ausgezeichnet. Die zahlreichen Auszeichnungen in unterschiedlichen Kategorien unterstreichen unsere Position als führendes Unternehmen in der Führungskräfteentwicklung in Deutschland.

Mehr Informationen bekommen Sie hier:

www.leadmark.de/auszeichnungen

Mehr über LEADMARK™ erfahren Sie hier:

www.leadmark.de

Literaturverzeichnis

Markwirth, Alexander:
Sei faul, führe smart! Steigern Sie die Effektivität um bis zu 50% durch motivierte und leistungsbereite Mitarbeitenden. Gewinnen und binden Sie Leistungsträger an Ihr Unternehmen, 3. Auflage 2021

Gallup Engagement Index Deutschland 2023

Deloitte, Fluktuationsstudie 2019